부모의
이혼
을 겪는
아이들

부모의 이혼을 겪는 아이들

포 차이 홍, 파버시 파시 공저 | 문지현 감수 | 안진이 옮김

Contents

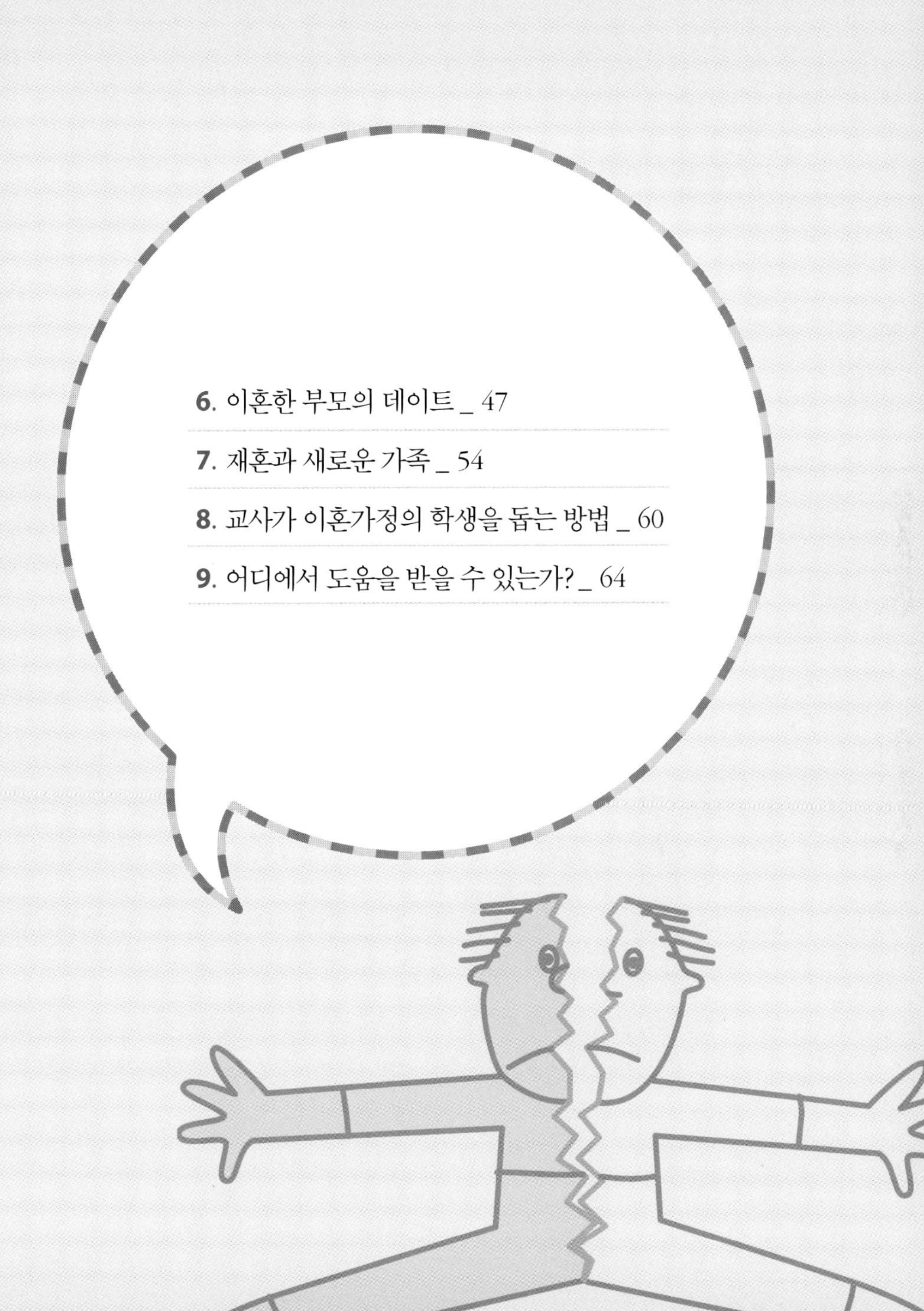

부모의 이혼을 겪는 아이를 돕자

이혼율이 점점 증가하는 추세다. 사회가 현대화되면서 생활양식과 사고방식도 함께 변화하기 때문이다. 이혼은 관련된 모든 사람에게 고통스러운 사건이다. 이혼 소식은 부부와 관련된 모든 사람에게 일정한 영향을 미치지만 특히 아이들이 받는 충격이 크다. 어른은 친구나 친척이나 전문가에게 상담하고 조언을 구할 수 있지만 아이는 곤경에 빠진 채로 방치되기 쉽다. 그렇게 되면 아이는 아무도 자기의 어려움을 이해하지 못한다는 느낌을 받는다.

그러나 이혼한 부모의 아이를 방치해서는 안 된다. 부모를 비롯한 어른들에게는 아이가 부모의 이혼 때문에 겪는 어려움을 극복하도록 도와줄 의무가 있다. 문제는 이혼한 부모 역시 상처를 받고 있으므로 아이를 돕기란 결코 쉽지 않다는 것이다. 특히 이혼을 당하는 쪽의 부모는 깊은 상처를 받는다. 또한 이혼한 부모는 아이를 돌보고 새로운 일과와 생활방식에 익숙해져야 하며, 혼자 아이를 키워야 하는 부담도 늘어난다. 아이를 키우는 부모가 경제적인 부담을 떠안고 직장에 나가야 하는 경우라면 문제는 더욱 심각하다. 그러나 어려운 처지에 놓인 부모라 해도 이혼을 겪는 아이를 도울 수 있는 방법은 분명히 있다.

이혼한 부모는 이 책을 통해 이혼이 아이들에게 어떤 영향을 미치는가를 이해하고 아이를 돕는 방법을 찾을 수 있다. 이혼 가정의 아이를 돌보고 있는 고모, 삼촌, 조부모 등 어른에게도 유용할 것이다. 또한 이혼한 부모가 새로운 생활을 시작하고 새로운 동반자나 가족을 찾아 나가는 과정에서 일반적으로 맞닥뜨리게 되는 문제에 답을 제시한다.

포 차이 홍, 파버시 파시

도움의 손길과 섬세한 애정이 필요하다

이혼은 어느 가족에게나 큰 변화이며 아이에게도 익숙해지는데 시간이 필요한 사건이다. 아이는 부모 중 한 명을 '상실' 했다는 생각에 행동 변화나 감정 변화를 일으킬 수 있다. 이 책의 목표는 부모가 자신의 이혼이 아이에게 미치는 영향을 파악하고 부정적인 영향을 최소화하는 데 도움을 주는 것이다.

아이가 부모의 이혼에 대응하는 방식은 결별 전후에 부모가 보인 행동으로부터 영향을 많이 받는다. 어려운 일을 겪는 아이가 느끼는 상실감을 극복하려면 도움의 손길과 섬세한 애정이 많이 필요하다. 이혼으로 말미암아 부모가 정신적 고통을 겪는 것과 마찬가지로 아이도 슬픔, 분노, 부정, 두려움, 죄책감 등의 감정에 시달린다. 아이가 달라진 환경에 적응하기를 어려워하는 경우에는 행동 장애, 학습 장애, 사교성 감퇴 등의 문제가 나타나기도 한다. 부모의 이혼을 겪은 아이는 또래 아이들과 다른 감정에 사로잡히며 다음과 같은 의문을 떨치지 못한다.

· 우리 어머니와 아버지는 왜 계속 같이 살지 못할까?
· 언제 이혼이 끝날까?
· 혹시 부모를 잃게 되지는 않을까?
· 앞으로 나는 어떻게 될까?

이 책을 읽으면 부모의 이혼을 겪은 아이들의 세계를 더 잘 알고 이해할 수 있다. 어려운 시기에 아이가 최대한 수월하게 적응할 수 있도록 애쓰는 부모에게 이 책이 도움이 되기를 바란다.

"부모가 늘 다툼을 벌이는 혼란스러운 가정에서 자란 아이는 부모가 집을 떠나면 죄책감을 느낄 우려가 있다. 부모가 결별하고 나면 그칠 날 없던 싸움이 멈추고 아이 입장에서는 평화와 안도감을 느끼기 때문이다. 이러한 안도감은 부모가 계속 함께 살면 좋겠다는 아이의 바람과는 모순되는 감정이다. 아이는 집안에서 더이상 싸움이 벌어지지 않아서 기뻐하면서도 그런 마음을 품고 있다는 데 죄책감을 느낀다."

Part 1

이혼이 아이에게 미치는 영향

어떤 아이는 부모의 이혼으로 받은 충격에서 헤어나지 못한다. 자칫하면 상처와 분노, 자포자기, 사랑받지 못한다는 감정을 성인이 된 후까지 간직할 수도 있다. 따라서 혼인 관계가 끝난 후에도 부모가 계속해서 아이를 소중히 여기고 사랑하는 일이 중요하다. 부모가 이혼 절차를 밟는 중에나 이혼한 후에 아이들은 일련의 공통적인 감정을 경험한다. 아이가 상실감을 이겨내게 하려면 자신의 감정을 깨닫고 해소할 수 있도록 부모가 도와주어야 한다.

● 이혼에 대한 아이의 부정적인 반응은 어떻게 나타나는가?

어떤 아이는 자존심에 상처를 입은 나머지 자기가 부모를 이혼하게 만든 '나쁜' 아이라고 생각한다. 특히 어린 아이일 경우 자기중심적으로 생각하는 경향이 있기 때문에 이러한 현상이 두드러지게 나타난다.

아이 입장에서 보면 주위에서 벌어지는 모든 일은 자신의 행동이나 생각, 희망에 원인이 있는 것처럼 보인다. 아이는 부모가 자기 때문에 이혼을 했으므로 스스로 괜찮은 삶을 살 자격이 없다고 생각한다. 혹은 자신을 불행하고 불우한 사람으로 여기는 경우도 종종 있다.

어떤 아이는 부모를 우상처럼 숭배한다. 이런 경우 부모의 사이가 나빠지면 '완벽한' 부모에게 잘못이 있다는 사실을 받아들이지 못하고 자신을 비난한다. 그러다 보면 죄책감에 사로잡혀 부정적인 자아상을 형성하게 마련이다.

아이가 부모의 관심을 끌기 위해 지나치게 열심히 노력하는 경우도 있다. 그렇게 해서라도 부모를 기쁘게 해서 결혼을 지속하게 하려는 것이다. 사랑받고 인정받고 싶은 마음이 매우 간절하기 때문이기도 하다. 이러한 비현실적인 욕구는 아이가 성인이 될 때까지 지속되며 살아가면서 맺을 인간관계에 부정적인 영향을 미칠 수 있다.

● 아이는 이혼에 어떤 반응을 보이는가?

│ 부정 │

부정은 아이가 감정적 고통을 이겨내고 배신감과 분노와 슬픔으로부터 자신을 보호하기 위해 활용하는 방법이다. 부모의 이혼 소식을 처음 들은 아이는 종종 믿을 수 없다는 반응을 보이는데, 예고 없이 소식이 전해진 경우 그럴 확률이 높다. 부모의 이혼을 부정하는 아이는 이혼 소식을 무시하거나 일시적일 뿐이라는 믿음에 집착한다. 현재 상황에 대해 이야기하기를 거부하고 행복한 가족 이야기를 지어내기도 한다.

오랫동안 계속되는 부정은 자책감의 표시일 가능성이 있다. 부모가 자기 때문에 이혼한다고 느끼는 아이는 부모가 재결합할 수 있으리라는 과도한 희망에 사로잡힌다. 머릿속으로 부모가 재결합하는 상상을 하거나, 중재인 노릇을 해 가며 부모를 화해시키려고 노력하기도 한다. 부정은 아이가 초기에 받는 충격을 완화하는 데 도움이 되기도 한다. 그러나 부정이 오랫동안 지속되면 이혼이라는 상황을 감당하기가 더욱 힘들어진다.

│ 슬픔, 상처, 상실감 │

부모가 이혼할 때 아이들이 가장 흔히 나타내는 반응이 바로 슬픔이다. 부모의 사이가 원만하지 못하면 아이는 매우 심란해한다. 부모가 신체적으로 서로에게 해를 입히거나 말로 상처를 입히는 경우라면 두말할 것도 없다.

아이에게 부모의 자리는 누구도 대신할 수 없는 것이다. 어머니나 아버지 중한 명이 떠나면 아이는 떠난 부모가 더 이상 자기를 소중히 여기지 않는다고 생각하며, 버림받았다거나 사랑받지 못한다고 느낀다.

아이는 울음을 터뜨리거나 우울한 태도로 슬픔을 표현한다. 말수가 적어지고 무기력해지거나 자주 몽상에 잠기기도 한다. 어떤 부모는 몰래 떠나면 아이가 충격을 덜 받고 질문도 하지 않으리라고 생각하지만, 아이의 상실감은 더욱 커진다. 떠난 부모가 아이와 정기적으로 연락을 취하지 않으면 아이가 받는 상처는 배가된다. 부모에게 버림받은 아이는 자신이 가치 없는 존재라고 생각하고 자긍심 부족으로 괴로워하기 때문이다.

두려움

부모의 결별이 초래한 무력감과 불안감 때문에 아이가 두려움에 사로잡힐 수도 있다. 아이가 다음과 같은 걱정을 하면 두려운 마음은 한층 커진다.

· 부모가 떠나고 나면 무슨 일이 일어날까?
· 나에게 필요한 것을 계속 얻을 수 있을까?
· 남은 부모가 우울해하거나 자살하려 하지는 않을까?(남은 부모가 불행해 보일 경우)
· 남은 부모가 이혼의 충격을 이겨내지 못하고 나를 보호해 주지 못하면 어떡할까?
· 남은 부모마저 나를 떠나 버리지는 않을까?

아이는 과도하게 울거나 한쪽 부모에게 매달리는 행동으로 두려움을 표현한다. 혹은 나이에 걸맞지 않는 물건(헝겊 인형 등)에 집착하기도 한다.

분노

버림받았거나 사랑받지 못한다고 느끼는 아이는 격렬한 분노에 휩싸인다. 그래서 온갖 이유로 화를 내면서도 때로는 스스로 자신의 감정을 이해하지 못한다. 경우에 따라서는 부모가 이혼하고 몇 년이 지난 후까지도 아이가 이혼 때문에 화를 낸다. 분노는 한쪽 부모를 향할 수도 있고 양쪽 부모 모두를 향할 수도 있다.

아이들은 종종 이혼을 신청한 부모 또는 가족을 버리고 떠난 부모를 원망한다. 아이는 이혼과 함께 찾아온 많은 변화 때문에 자기가 불행해졌다며 부모를 탓한다. 부모가 이기적이라고 생각하거나, 자기가 힘들어할 때 부모가 지켜줄 수 없다고 여기기도 한다. 심지어는 애초에 결혼을 왜 했느냐는 질문을 던질 수도 있다. 아이는 부모에게 짜증을 내거나, 걸핏하면 싸움을 벌이거나, 반항적인 행동을 함으로써 분노를 표현한다. 함께 사는 부모에게 감정을 표출하는 아이도 있다. 자기를 떠나지 않은 부모에게 분노를 쏟아내는 편이 안전하다고 여기기 때문이다.

분노하는 아이는 학교에 가면 물건을 던지거나 친구를 때리는 등의 행동으로 분노를 표현한다. 너무 심한 행동을 해서 훈육 문제로 이어지는 경우도 있다. 이러한 행동은 부모의 이혼을 겪는 아이가 얼마나 불행한지를 보여주는 징표의 일부에 불과하다.

아이는 여전히 부모의 이혼을 받아들이지 못하고 부모를 향한 감정을 해소하지도 못하고 있는 것이다. 이런 경우 부모는 아이가 안전한 방법으로 분노를 표출하게 해 주어야 한다. 아이가 공격적인 행동을 하거나 까다롭게 구는 원인이 감정적인 데 있더라도, 부모는 아이의 난폭한 행동이 선을 넘지 않게 제지하고 부모의 이혼에 대한 감정을 말로 표현하게 해야 한다.

아이에게는 분노를 해소할 시간이 필요하다. 가족의 결별은 부모에게도 똑같이 힘든 일이지만, 이 시기에 부모는 아이에게 의지가 되어 주면서 여전히 아이를 소중히 여긴다는 것을 보여주어야 한다.

아이들은 한 가지 사건에는 한 가지 원인만 있다고 여기는 경향이 있다. 그래서 부모의 이혼이 자기 때문이라는 순진한 믿음을 가질 수 있다. 예컨대 어린 아이는 자기가 말을 잘 듣지 않았거나 숙제를 다 하지 않았거나 부모의 말에 대답을 하지 않았기 때문에 한쪽 부모가 떠났다고 믿는다. 이혼이 자기 잘못이 아닌 줄 알만큼 나이가 든 아이라 해도 '더 착한' 아이가 되지 못했다는 죄책감을 느낄 가능성이 있다.

부모가 늘 다툼을 벌이는 혼란스러운 가정에서 자란 아이는 부모가 집을 떠나면 죄책감을 느낄 우려가 있다. 부모가 결별하고 나면 그칠 날 없던 싸움이 멈추고 아이 입장에서는 평화와 안도감을 느끼기 때문이다. 이러한 안도감은 부모가 계속 함께 살면 좋겠다는 아이의 바람과는 모순되는 감정이다. 아이는 집안에서 더이상 싸움이 벌어지지 않아서 기뻐하면서도 그런 마음을 품고 있다는 데 죄책감을 느낀다.

● 부모가 이혼한 후 아이는 어떤 변화를 경험하는가?

대부분의 가족은 이혼을 하면 새로운 삶에 적응해야 한다. 아이는 학교를 옮기고 이사를 가거나, 집안일에 대한 부담을 더 많이 느끼거나, 새로운 보육시설에 적응해야 하는 등 실제적인 변화에 직면한다.

점진적으로 일어나는 변화도 있지만 대부분의 변화는 아이가 부모를 잃고 감정적인 문제와 씨름하고 있을 때 찾아온다. 그렇지 않아도 스트레스를 받고 있는 가족에게 이러한 변화가 더해지는 것이다. 부모가 이혼하면 아이는 그 동안 익숙해져 있던 생활방식에서 벗어나야 한다. 변화에 적응하는 능력과 요령이 부족한 아이는 변화를 견디지 못하고 스트레스를 받기 쉽다.

부모가 이혼한 후 아이는 새로운 집으로 이사를 가야 한다. 대개는 원래 익숙해져 있던 집보다 못한 곳으로 이사를 간다. 더 좁은 집을 구입하는 가족도 있고, 독립할 형편이 될 때까지 친척이나 친지에게 얹혀살아야 하는 가족도 있다. 거주지가 바뀐다는 것은 아이에게 힘든 일이다. 친지나 친척과 함께 살면서 새로운 집안 규칙을 따라야 할 경우에는 더욱 힘겨워 한다.

친지나 친척과 함께 살게 되면 유아는 수면과 식사 습관을 유지하기가 어려워진다. 취학 전 아동은 계속 울어대고 부모에게서 떨어지지 않으려 하거나 떼를 부리곤 한다. 조금 더 나이가 많은 아이라면 사생활이 보장되지 않는다거나 다른 가족에게 의존해야 한다는 사실에 불만을 가질 수 있다.

| 학교의 변화 |

이사한 집이 아이가 다니던 학교에서 너무 멀다면 전학을 가야 한다. 이렇게 되면 아이는 원래 다니던 학교에서 사귄 친구들과의 관계를 유지하기가 어려워진다. 새로운 학교에 다니게 되면 아이는 달라진 환경에 적응해야 한다. 새로운 교사와 수업 방식에 익숙해져야 하며 새로운 규칙에 적응하고 새 친구를 사귀어야 한다. 이 모든 것은 상당히 두렵게 느껴질 수 있는 일이므로 아이는 혼자 구석에 틀어박히려 할지도 모른다.

내성적이거나 활달하지 못한 아이는 새로운 친구를 쉽게 사귀지 못한다. 친구 관계에 대한 걱정 때문에 초조하고 불안한 마음이 커지면 학교 가기를 두려워하게 된다. 나이가 어린 아이일수록 집착하는 경향을 보이기 쉽고, 지저분하게 하고 다니거나 이불에 오줌을 싸는 등 퇴행적인 행동을 보이기 쉽다.

| 의무의 변화 |

양육권을 가진 부모가 가족을 부양하기 위해 직업을 가질 경우에는 아이가 집안일을 하거나 어린 동생을 돌봐야 한다. 특히 손위인 아이는 세탁과 청소와 식사준비와 같은 집안일을 떠맡고 동생들의 숙제와 식사, 씻기까지 챙겨야 한다. 어떤 아이에게는 커다란 충격을 받은 부모를(이런 경우는 보통 어머니에게 일어난다.) '돌볼' 책임까지 부과된다. 이런 아이는 나이보다 성숙해야 한다는 기대를 받는 경우가 많다.

| 양육환경의 변화 |

어린 아이의 양육권을 가진 부모가 가족을 부양하기 위해 직업을 가져야 할 경우에는 아이의 양육환경을 새로 정비해야 한다. 예를 들면 친척으로 하여금 아이를 돌봐주게 하거나, 보모를 고용하거나, 아이를 '방과 후 센터' 또는 놀이방에 보내는 식이다. 안타깝게도 대부분의 아이는 생활의 변화에 적응하는 데 어려움을 겪는다.

환경이 바뀌고 돌봐주는 사람이 바뀌는 것 외에도 아이가 부모와 함께 보내는 시간이나 부모로부터 받는 관심도 줄어들기 때문이다. 어린 아이는 양육권을 가진 부모와 떨어지기를 극도로 꺼려하면서 울음을 그치지 않거나 짜증을 내는 방법으로 감정을 표현한다.

◉ 부모가 이혼할 때 아이가 받는 충격은 어느 정도일까?

부모의 이혼이 아이에게 미치는 영향은 다음과 같은 몇 가지 원인에 의해 결정된다.

· 나이와 성격

· 부모 또는 도움을 받을 수 있는 어른들과의 관계

· 부모의 이혼 소식을 알게 된 정황

모든 아이는 성격과 특징이 각기 다르고, 아이의 반응 또한 연령집단별 분류에 들어맞지 않을 수도 있다. 그러므로 부모는 다양한 연령집단의 아이들에게 두루 나타나는 감정과 행동을 알아두면 좋다.

 **아이들이 나타내는 고통에 대한 반응**

* **유아**
· 울거나 법석을 떠는 등 신경질적인 행동을 한다.
· 수면을 비롯한 여러 가지 습관이 바뀐다.
· 새로 가족이 된 어른을 무서워하고 불편해한다.
· 부모와 떨어지기 싫어한다.
· 악몽을 꾼다.
· 짜증이나 화를 내는 일이 잦아진다.

* **취학 전 아동**
· 자신이 안전한지, 사랑받고 있는지 걱정한다.
· 이혼이라는 현실을 부정한다.
· 자기 때문에 부모가 이혼한다고 믿는다.
· 지나치게 상냥해진다.
· 퇴행행동을 보인다. - 엄지손가락 빨기, 이불에 오줌 싸기, 과도한 집착 등
· 친구나 동생을 때린다.
· 악몽을 꾼다.

＊ 초등학생

· 또래 친구와 다른 감정을 가진다.

· 좋지 않은 일을 모두 이혼 탓으로 돌린다.

· 자기가 상황을 주도하는 척하려고 남을 비난한다.

· 사람들과 어울리기를 기피하거나 공격적인 행동을 한다.

· 부모가 재결합하는 공상을 한다.

· 부모의 기분을 세심하게 살피며 부모를 기쁘게 하려고 애쓴다.

· 지나치게 상냥해진다.

· 학교 성적이 떨어진다.

· 집중력이 저하된다.

· 한쪽 부모의 편을 든다.

＊ 청소년

· 이혼 때문에 생긴 변화를 현실로 받아들이지 못한다.

· 떠난 부모에게서 버림받았다고 느낀다.

· 오랜 친구와 멀어지고 좋아하던 활동을 소홀히 한다.

· 교사와 부모에게 공격적이고 반항적인 태도를 취한다.

· 공부에 흥미를 잃는다.

· 도둑질이나 무단결석 등 정도를 벗어나는 행동을 한다.

· 자신이 가진 사랑, 결혼, 가족에 대한 믿음을 의심한다.

· 자신이 너무 빨리 어른이 됐다고 느낀다.

· 가족의 경제적 안정 등 '어른들의 문제' 를 고민하기 시작한다.

· 가정에서 어른 역할을 더 많이 해야 한다고 생각한다.

Part 2

이혼을 겪는 아이를 돕는 방법

많은 부모들은 이혼한 후에도 자녀 앞에서 수시로 신경전을 벌이거나 싸움을 한다. 그러나 부모가 해결하지 못한 갈등을 아이에게 고스란히 겪게 하는 그런 행동은 아이에게 상처가 될 뿐이다. 한쪽 부모로부터 다른 부모에 대해 좋지 못한 소리를 듣거나 부모가 서로 싸우는 광경을 보는 일은 아이에게는 지나치게 큰 정신적 부담을 준다.

Q. 최근 남편이 이혼을 요구했습니다. 화해하자고 매달렸지만 남편의 생각은 확고합니다. 어린 아이가 셋이나 있는데 어떻게 해야 할까요?

배우자로부터 이혼을 원한다는 소리를 들으면 마음이 갈기갈기 찢어질 것이다. 먼저 친구와 친척, 상담 전문가 등 도와줄 사람을 찾아야 한다. 무엇보다 정신적으로 의지할 사람이 필요하다. 부모가 정신적으로 안정되어 있어야 아이들에게도 도움을 줄 수 있다. 이 단계에서 아이들을 위해 할 수 있는 일은 다음과 같다.

- 아이들에게 아버지와 이혼하려 한다고 이야기한다. 어린 아이에게는 이혼이 무엇인지 설명해 주어야 한다. 두 사람이 더 이상 결혼한 사이가 아니며 앞으로는 따로 살 예정이라고 이야기한다.
- 부모의 이혼으로 무엇이 달라질지를 아이들에게 알려 준다. 가령 아버지가 나가고 아이들은 어머니와 함께 원래 살던 집에서 계속 산다든가, 아이들이 어머니와 함께 다른 집으로 이사를 가고 학교도 옮겨야 한다고 이야기한다.

· 부모가 아이들 곁을 떠나지 않고 계속 돌봐주리라는 점을 분명히 한다. 이혼 소식을 들으면 아이는 부모에게 버림받을까봐 걱정하기 시작한다. 너무 심란한 나머지 아이를 직접 돌보기 어렵다면 다른 어른에게 도움을 요청한다.

· 배우자에게 화가 나고 속도 상하겠지만 아이들에게는 아빠와 좋은 관계를 유지하라고 이야기해야 한다. 쉽지 않은 일이지만 마음의 깊은 상처가 아직 아물지 않은 이혼 초기 단계에서는 양쪽 부모와 모두 사이좋게 지내는 것이 아이들에게 좋다.

· 아이들을 도와줄 수 있는 어른이 부모 외에도 있다고 이야기한다. 아이들이 문제를 냉정하게 바라볼 수 있는 제3자에게 고민을 털어놓을 수 있다면 부모의 부담은 줄어든다. 아이들의 입장에서도 힘들어하는 부모에게 짐이 되기보다는 제3자와 의논하기가 더 편한 측면이 있다.

· 아이들의 자긍심을 키워주고 안정감을 가지게 한다. 부모의 이혼을 겪으면 아이들은 더없이 중요한 자긍심과 안정감에 상처를 입는다. 수치심을 느끼거나 자기가 보잘것없는 존재라고 생각하기 쉽다.

· 자녀 문제에 있어서는 전 남편과 협력하도록 한다. 연구와 임상실험 결과에 따르면 아이들은 부모가 서로 협력할 때 이혼에 더 쉽게 적응한다. 이혼 후에도 부모가 언쟁을 벌이면 아이들은 감정적인 문제를 겪을 확률이 높다.

부모의 이혼 때문에 아이가 받은 충격을 극복하게 하려면 어떻게 해야 할까? 아이들은 연령에 따라 각기 다른 발달 단계를 거친다. 부모의 이혼에 적응해야 하는 아이를 도우려면 발달 단계를 염두에 두어야 한다.

유아

유아기와 걸음마 단계는 아이가 신뢰와 애착을 형성하기 시작하는 시기다. 이 시기에 아이는 익숙한 사람과 떨어지는 것을 겁내기 때문에 한쪽 부모를 방문했다가 다른 부모에게 돌아가야 하는 상황을 매우 힘들어한다. 따라서 집안에서 일어나는 변화를 최소한으로 줄이고 가능한 한 일관성을 유지하며 친근감을 쌓아야 한다.

매일 밤 똑같은 사람이 잠자리에 눕혀 주는 것도 좋은 방법이다. 유아나 걸음마를 하는 아이가 양육권을 갖지 않은 부모와 접촉할 때는 낮에 몇 시간 동안만 함께 있도록 하는 것이 좋을 수도 있다. 아이가 양육권을 가진 부모로부터 떨어져 있어도 불안해하지 않을 경우에만 다른 집에서 밤을 보내는 일을 허용해야 한다.

유아와 걸음마를 하는 아이에게는 시간 개념이 없으므로 한쪽 부모와 떨어져 있는 시간이 한없이 길게 느껴질 가능성이 있다. 유아는 말을 유창하게 하지 못하기 때문에 두렵고 불안한 심정을 어른에게 이해시키기가 어렵다. 그래서 짜증을 내거나 울음을 터뜨림으로써 불안감이나 괴로움을 표현한다.

이럴 때는 언어와 신체 접촉으로 애정을 표현하며 아이를 안심시키는 과정이 반드시 필요하다. 노래를 불러주거나 안아주면서 아이의 마음을 진정시킨다. 다른 부모를 방문할 준비가 될 때까지 아이와 함께 보내는 시간을 늘리면서 불안감을 덜어준다. 아이가 좋아하는 장난감과 담요 등의 익숙한 물건을 가져다주는 방법도 아이를 안심시키는 데 효과적이다.

식사와 수면 시간은 되도록 정해진 시간표에 따라야 한다. 이혼한 배우자에게도 아이를 데리고 있는 동안 시간표대로 똑같이 해 달라고 충고하라. 아이를 주로 돌봐주는 사람과 필요 이상으로 오래 떨어뜨려 놓으면 안 된다. 양육권을 가지지 않은 부모에게는 정기적인 접촉(아이를 학대하는 부모가 아닌 경우)을 허락해 부모와 자녀의 관계를 원만히 유지하게 한다. 아이가 주로 돌봐주는 사람과 떨어져 있어도 불안해하지 않으면 접촉 시간을 서서히 늘려도 좋다.

이 연령집단의 아이는 이혼의 원인을 두고 혼란스러워하는 경우가 많다. 일반적으로 취학 전 아동과 저학년 아동은 부모가 이혼한 이유를 곰곰이 생각하다가 자기가 한쪽 부모를 '쫓아내' 버렸다고 자책한다. 아이는 부모를 다시 합치게 할 수 있다는 희망을 품고, 극도로 순종적인 태도를 취하거나 착한 일을 하며 부모를 기쁘게 하려고 애쓴다. 취학 전 아동은 "내가 정말 착한 아이가 되면 엄마와 아빠가 다시 합칠 거야."라든가 "엄마와 아빠는 언젠가 다시 결혼할 거야."라는 생각을 할 수 있다.

부모는 아이의 행동 때문에 이혼하는 것이 아니라고 확실히 말하고, 다시 합치는 일은 없으리라는 사실도 조심스럽게 알려주어야 한다. 아이에게 부모가 언젠가 재결합하리라는 믿음을 심어 주어서는 안 된다.

아이가 공격적이고 폭력적으로 변하는 경우도 있다. 부모는 정상적인 가정에서와 마찬가지로 그런 행동을 즉각 중단하게 하고 적절한 방법으로 훈육해야 한다. 아이에게 정상적인 방법으로 분노를 표출하는 법을 가르쳐야 한다. 부모가 공격적인 행동을 하는 아이를 훈육하면 아이는 주체하기 어려운 감정을 억제하게 되므로 더 안전해지고 안정감을 느끼게 된다. 아이가 분노를 표현할 수 있는 건전한 방식을 찾아야 한다. 어른에게 이야기를 하거나 그림을 그리는 방식도 있고 그림책을 읽는 것도 아이가 분노, 슬픔, 두려움과 같은 감정을 이해하는 데 도움이 된다.

부모의 이혼 때문에 스트레스를 받는 미취학 아동은 이불에 오줌을 싸거나 짜증을 내거나 집착이 심해지거나 하는 퇴행행동을 나타내기도 한다. 아이가 퇴행행동을 하면 실망스러울 수 있지만 부모는 이러한 행동이 아이가 한쪽 부모를 잃은 상처를 치유하기 위해 거치는 과정이라는 사실을 명심해야 한다. 퇴행행동은 아이가 감정과 씨름할 수 있는 상태가 될 때까지 정신적인 휴식을 취하게 해준다. 그러므로 퇴행행동이 몇 달 동안 지속된다 해도 비정상적인 일이 아니다. 부모는 이런 방식으로 상황에 적응하고 있는 아이를 충분히 안심시키고 사랑해 주어야 한다.

│ 초등학생 │

초등학교 나이가 되면 사람의 삶을 어느 정도 이해하고 다른 사람의 감정에 공감하기 시작한다. 이 시기에 부모의 이혼을 겪는 아이는 음식과 장난감을 얻지 못하거나 애정을 박탈당할까봐 걱정할 가능성이 있다. 부모가 자기를 돌볼 능력이 있을지 의문을 품기도 한다. 부모는 이혼 후에도 아이를 안전하게 지켜주고 변함없이 돌봐 주리라는 점을 확실히 해야 한다.

어떤 아이는 거부, 상실, 죄책감과 같은 감정에 사로잡히거나 어머니와 아버지 사이에서 갈등한다. 그 결과 집중력이 저하되고 학교 성적이 떨어진다. 화를 잘 내고 다른 아이와 자주 싸우거나, 친구들과 잘 어울리지 못하는 경우도 있다.

부모는 다음과 같은 일을 피해야 한다.

· 아이가 한쪽 편을 들 수밖에 없는 입장으로 만든다.
· 아이 앞에서 말다툼을 벌인다.
· 전 배우자의 험담을 늘어놓는다. (이는 아무리 큰 상처를 받았어도 피해야 할 일이다. 험담은 역효과를 낳아 아이는 양쪽 부모를 다 싫어하게 된다.)

아이의 행복을 위해 아이가 전 배우자를 사랑하게 만들어 주는 것이 좋다. 아이는 부모의 기분을 읽을 줄 알기 때문에 부모가 부정적인 행동을 하면 금방 영향을 받는다. 아이가 이혼 이야기를 하고 싶어하면 부모는 아이에게 최대한 많은 시간을 내주고, 자기가 느끼는 감정을 인식하고 표현할 통로를 제공해야 한다.

부모 사이에서 당황한 지수

여섯 살짜리 지수는 부모가 이혼하는 기간 내내 짜증을 부렸다. 아버지는 지수에게 연락책 역할을 맡겨 이혼하지 말라고 어머니를 설득하도록 했다. 지수는 이혼하는 부모 사이에서 어찌할 바를 몰랐다. 부모가 다시 합치지 못하는 책임이 자기에게 있다는 느낌도 들었다.

어머니는 지수와 대화를 나누며 부모의 이혼에 대한 감정이 어떤지 알아보았다. 어머니는 남의 감정에 귀를 기울이고 공감할 줄 아는 사람이었으므로 지수로 하여금 자신의 무력감과 분노를 인정하도록 했다. 그리고 지수에게 그녀가 필요로 할 때는 언제나 부모가 곁에 있어 줄 것이며 앞으로도 지수를 소중히 여기고 사랑할 것이라고 확실히 이야기했다. 또한 남편에게도 더이상 혼인관계를 지속할 수 없으며 어떤 일이 있어도 재결합하지 않겠다고 차분한 말투로 거듭 이야기했다. 지수의 아버지는 마침내 이혼을 막을 수 없다는 사실을 인정하고 지수를 연락책으로 활용하는 일을 중단했다. 얼마 후부터 지수는 짜증을 부리지 않게 되었다.

십대와 청소년

십대 아이들은 자의식이 강하고 이상주의적이며 반항적인 경향이 있다. 자아 정체성을 형성하고 스스로 선택해 나가는 과정에 있기 때문이다. 부모가 이혼하는 광경을 지켜보는 십대 아이는 약속이라는 개념에 의문을 품기 시작하고 인간관계 때문에 상처를 입지나 않을까 노심초사하게 된다. 거부당하고 버려진 느낌을 받으며 결혼과 연애에 공포증을 나타낼 수도 있다. 부정적인 감정을 해소하기 위해 또래 친구에게 기대는 경우도 있다.

부모는 십대 자녀에게 이혼에 대해 이야기할 기회를 주어야 한다. 대화가 부족해서 상황을 제대로 받아들이지 못한 십대 청소년은 흔히 마약과 음주, 흡연, 무단결석과 불량 서클 가입, 가출 등의 비행으로 감정을 표현한다. 그러나 부모의 이혼을 핑계삼아 정도에서 벗어난 행동을 하도록 내버려두면 안 된다. 부모는 아이의 행동에 선을 긋고 바람직하지 못한 행동에 뒤따르는 결과를 깨우쳐 주어야 한다.

부모가 정기적으로 가족회의를 열어 십대 자녀와 일대일로 대화 시간을 가지는 것도 좋은 방법이다. 그러나 청소년 자녀는 내밀한 감정을 부모에게 쉽게 털어놓지 못할 가능성이 있다. 청소년은 의사소통에 능숙하므로 생각을 글로 써서 감정을 표현해도 좋다. 어떤 방법을 쓰든지 아이가 느끼는 감정을 밖으로 내보낼 통로를 마련해 줌으로써 절망을 내면화하지 않도록 하는 것이 중요하다.

성숙하지 못하거나 강인하지 못한 부모는 아이에게 정신적으로 의지하거나 괴로운 심정을 아이에게 쏟아낸다. 그러면 십대 아이가 나약한 부모를 돕기 위해 '구원자' 역할을 떠맡는 경우가 생긴다. 이런 아이는 실제 나이보다 더 어른스럽게 행동해야 한다는 압박을 느낀다. 아이를 버팀목으로 이용하면 안 된다. 정신적 혹은 심리적 스트레스를 받는 부모는 친구나 전문가 등 다른 어른에게 지지와 도움을 청해야 한다. 부모는 자기 문제를 아이에게 떠넘기는 대신, 아이가 학교에서 더 많은 시간을 보내면서 즐겁고 보람 있는 경험을 쌓을 수 있는 활동에 적극적으로 참여하도록 해야 한다.

마지막으로 일부 청소년은 경제적인 문제를 걱정하기 시작한다. 부모가 항상 돈이 부족하다고 불평하는 경우에 흔히 나타나는 현상이다. 이 경우 아이는 일차적인 임무인 공부에 집중하지 않고 돈을 버는 일에 관심을 돌리게 되며, 학업을 일찍 중단할지도 모른다. 부모는 아이가 집안의 경제 상황을 걱정하지 않도록 최선을 다해야 한다.

➤ 이혼한 가정의 아이에게 치료를 받게 해야 할까?

부모가 이혼을 한다고 해서 모든 아이가 치료를 필요로 하지는 않는다. 하지만 대부분의 아이는 부모의 결별에 민감하게 반응한다. 흔히 예측할 수 있는 반응은 아이가 짜증을 내거나, 울음을 그치지 않거나, 내성적으로 바뀌거나, 문제 행동을 하는 것이다.

헤어지기로 결정한 부모가 정신적으로 힘겨운 시기를 보내는 것과 마찬가지로 아이도 정신적 고통을 받는다. 아이가 이혼을 현실로 받아들이려면 시간이 필요하다. 아이는 떠난 부모를 그리워할 뿐 아니라 정상적인 가정에서 살지 못한다는 서글픔을 느낀다. 한쪽 부모와 생활하는 일에 익숙해지고 양쪽 부모로부터 지지와 이해를 받을 경우 아이의 민감한 반응은 점차적으로 사라진다.

아이가 심술궂은 행동을 계속한다면 치료가 필요하다. 원래 심술궂은 행동을 곧잘 하던 아이가 부모의 이혼을 겪게 되면 그런 행동이 더욱 심해진다. 보통 때와 판이하게 다르거나 아이의 성격에 어긋나는 행동 역시 주의를 요한다.

부모의 이혼이 아이에게 나쁜 영향을 미치는지 알아보는 좋은 방법은 학교 교사의 이야기를 듣는 것이다. 교사는 아이와 함께 보내는 시간이 많으면서도 감정적인 문제로 얽혀 있지 않은 사람이므로 부모보다 객관적인 시각에서 아이의 행동변화를 관찰할 수 있다. 따라서 이혼 중과 이혼 이후에 부모가 아이의 교사와 연락을 취하는 과정이 중요하다.

아이가 부모의 이혼에 적응하게 하려면?

* 이혼은 아이의 잘못이 아니라고 분명히 말해준다.
* 아이가 양육권이 없는 부모를 사랑할 수 있도록 해준다.
* 헤어진 배우자와 따뜻한 분위기에서 꾸준히 만난다.
* 헤어진 배우자에 대해 험담을 하지 않고 긍정적으로 이야기한다.
* 아이가 토론이나 연극이나 미술을 통해 감정을 표현하게 한다.
* 아이의 감정을 공유하고 부모가 아이의 감정을 이해한다는 사실을 알린다.
* 하루 일과를 정해서 잘 지키고 가능한 한 변화를 줄인다.
* 바람직하지 않은 행동이나 잘못된 행동을 무한정 용납하지 않는다.
* 아이에게 정신적으로 의지하지 않는다.

Part 3

이혼 후에 나타나는 아이의 문제행동

이혼은 결혼한 두 성인에게만 국한되는 문제가 아니다. 이혼하는 부부의 자녀도 여러 가지로 부정적인 영향을 받는다. 아이의 정신적 고통을 가장 극명하게 보여주는 징표는 학교 성적이 떨어지는 현상이다. 집에서나 학교에서 아이가 보이는 문제행동도 마찬가지다.

Q. 어린 아들이 아버지 사진을 붙잡고 훌쩍이는 모습을 보았습니다. 평소 대범한 성격인데 울고 있어서 큰 충격을 받았어요. 모른 체하고 아들을 내버려두어야 할까요?

아시아 국가의 부모들은 슬픔을 공공연히 드러내는 것은 나약하다는 표시이므로 피해야 할 일이라고 믿는다. 남자아이가 울음을 터뜨리는 것은 더욱 용납할 수 없는 일로 여긴다. 그러나 이혼한 부모와 마찬가지로 아이도 상실감을 느끼고 슬퍼한다는 사실을 명심해야 한다. 울음은 아이가 감정을 해소하는 통로와도 같다. 아이가 슬픔에서 벗어나 기운을 차리면 다른 재미있는 활동에도 주의를 돌릴 것이다.

아이의 슬픔이 저절로 사라지리라는 막연한 믿음에 의존해 상황을 가볍게 보면 안 된다. 아이가 슬픔을 해소하는 일을 도와주면서 심정을 털어놓게 한다. 그러면 아이도 부모의 이혼을 사실로 받아들이기가 수월해진다. "네 아빠 때문에 우는 이유가 대체 뭐냐? 아빠는 이제 우리가 필요 없다는데."와 같은 말로 울고 있는 아들을 비난하거나 아들의 슬픔을 부정하면 안 된다.

특히 남자아이가 슬픔을 표현하게 하려면 더 많이 신경을 쓰고 격려해주어야 한다. 부모는 이혼에 대한 감정을 아이와 공유해야 한다. 그래야 아이도 자기가 혼자가 아니며 슬픔을 느끼는 것이 당연하다는 사실을 알게 된다. 그러나 부모가 슬픔을 이용해 아이를 자기편으로 만드는 일은 없어야 한다.

어린 아이는 부모의 이혼 때문에 화가 나더라도 부모에게 감정을 쏟아내지 않을 때가 많다. 부모에게 짓궂게 굴면 자기를 버리고 떠날지도 모른다는 생각 때문이다. 아이의 억눌린 분노는 다른 사람에게 옮겨가게 마련이다. 이런 경우 부모는 아이와 대화를 나누며, 아이가 학교에서 짜증을 내고 멋대로 행동하는 이유를 이해하려고 노력해야 한다.

아이에게 분노를 행동으로 나타내는 대신 말로 이야기하라고 가르친다. 다음과 같은 방법으로 분노를 해소하게 해도 된다.

· 천천히 1부터 10까지 센다.
· 마음이 차분해질 때까지 천천히 심호흡을 한다.
· 화가 나는 상황과 생각을 글로 쓰고, 그 상황을 이겨낼 수 있는 다른 방법을 찾아본다.

부모가 아이와 함께 담임 교사를 만나 아이의 공격적인 행동을 통제할 방법을 의논할 수도 있다. 교사가 타임아웃과 같은 행동수정 요법을 시행하는 것도 하나의 방법이다. 타임아웃을 시행하면 아이가 화를 가라앉히는 요령을 익히게 할 뿐 아니라 다른 아이가 다치는 사태를 막을 수 있다.

이 사례에서 여덟 살 난 아들이 집에서 학교에 있을 때와 정반대로 행동하는 것은 의식적인 노력으로 판단된다. 부모의 사랑과 인정을 받기 위해 부모 앞에서 온순하게 행동하는 것이다. 이 경우 아들이 이혼을 자기 탓이라고 여기고 있지 않은지 확인해 볼 필요가 있다. 다른 어떤 감정을 숨기고 있는데 부모가 불쾌해 할까봐 집에서는 잘 표현하지 못하고 있을 가능성도 있다. 부모에게 자기가 괜찮다는 점을 납득시키려고 애쓰는 아이는 이혼에 대한 스스로의 감정을 부정하고 있을 확률이 높다. 아이에게 이혼에 대해 어떻게 생각하는지 단도직입적으로 물어본다. 부모가 조금만 노력하면 아이와 솔직한 대화를 나눌 수 있다.

딸이 아버지를 그리워하며 슬퍼하고 있다면 딸의 행동은 아버지의 부재에 대한 반응일 가능성이 있다. 아버지가 어디로 갔는지 궁금해하는 한편, 어머니마저 사라져 버리지 않을까 두려워하는 것이다. 이런 경우 아이의 기분을 이해하려고 노력하고 신경을 많이 써야 한다.

딸과 대화가 잘 되는 편이라면 왜 기분이 상해 있는지에 대해 이야기를 나눈다. 한편으로 아이가 그릇된 행동을 할 때는 일관성 있는 기준을 정해 강력하게 훈육해야 한다. 예컨대 딸아이가 울음을 그치지 않으면 장난감을 주지 않는다는 규칙을 정하고 실행에 옮긴다. 명확하고 간단하며 아이가 이해하기 쉬운 규칙이어야 한다. 아이가 짜증을 부리지 않을 때는 안아주고 칭찬도 하면서 기운을 북돋아준다.

아이가 짜증을 부릴 때 타임아웃 요법을 써도 좋다. 주위 사람이나 골치 아픈 일로부터 멀찌감치 떨어진 조용한 장소로 아이를 데려가서 진정할 때까지 그곳에 있게 한다. 가까운 사람을 잃은 네 살짜리 아이는 자연히 그 사람이 다시는 돌아오지 않을까봐 두려워하게 되고, 두려움 때문에 짜증을 부릴 수 있다.

아이가 다음에 아버지를 만나기로 한 날까지 기다리지 못하고 초조해한다면 어머니는 여러 가지 방법으로 아이를 도와야 한다. 예컨대 아이에게 달력을 주고 아버지를 만나기로 한 날짜에 동그라미를 치게 하는 것이다. 그러면 아이가 아버지를 만날 계획을 구체적으로 파악할 수 있다.

헤어진 남편과 의논해서 아이와 만날 약속을 정기적으로 잡아도 좋다. 아이가 아버지를 얼마나 자주 만나는지도 다시 점검해 보아야 한다. 가끔 만나는가? 아니면 일주일에 한 번 정도? 나이가 어린 아이라면 양쪽 부모와 신체적 접촉이 많을수록 좋다. 헤어진 부모에게 아이가 애착을 가지고 있는 경우에는 더욱 자주 만나야 한다.

그래도 아이의 행동을 통제하기 어려우면 아버지와 매일 통화를 하도록 해 주는 것이 좋다. 그렇게 하면 딸이 아버지의 부재에 익숙해질 때까지 아버지와 떨어져 있다는 불안감을 줄일 수 있을 것이다.

부모가 이혼 이야기를 회피할수록 아이는 버림받았다는 기분이 든다. 자기 기분은 하나도 중요하지 않다는 생각이 들기 때문이다. 아이는 자기가 겪고 있는 일에 대해 상실감과 분노를 느낄 것이다. 아이의 마음이 상할까봐 이혼 이야기를 하지 않는다면 부지불식간에 아이가 자책감을 내면화하게 만들 우려가 있다.

숨김없고 솔직한 자세로 아이와 이혼에 관해 이야기하는 것이 좋다. 십대 아이는 자기를 젊은 어른처럼 대해 주기를 원한다. 부모가 솔직하게 아이를 대하면 아이도 보다 어른스러운 태도로 이혼에 대처하게 된다. 청소년 자녀는 비교적 성숙하지만 여전히 부모가 안심시켜주고 사랑해 줄 필요가 있다. 돈 문제는 부모가 알아서 할 것이며 아이는 이혼과 아무런 관련이 없다고 아이에게 확실히 이야기한다.

그리고 아이가 활발하게 친구들과 어울릴 수 있도록 용기를 불어넣어 준다. 부모는 언제나 시간을 내서 아이의 기분을 살피고 아이가 감정을 자유롭게 토로하게 해야 한다.

Q. 남편과 이혼한 후 다섯 살 난 아들 때문에 걱정이 많습니다. 아들이 저에게 안기고 매달리는 통에 집을 나설 수가 없습니다. 아들은 수시로 울음을 터뜨리고 직장에 있는 저에게 계속 전화를 합니다. 이런 행동을 그만두게 하려면 어떻게 해야 할까요?

아들은 어머니에게 버림받을까봐 걱정하는 것으로 보인다. 한쪽 부모가 집을 떠나면 아이는 남은 부모도 똑같이 떠나 버릴 것을 두려워하게 마련이고, 두려움과 불안이 커지면 집착하는 행동을 한다. 아들이 느끼는 두려움에 관해 대화를 나누어야 한다. 아들에게 기분이 어떠한지, 왜 그런 기분이 드는지 찬찬히 생각해 보라고 하고 감정을 표현하는 긍정적인 방법을 보여준다.

직장에서 불필요한 방해를 받지 않으려면 일정한 시간을 정해서 집에 전화를 걸도록 한다. 매일 똑같은 시간에 대화를 나누겠다고 아이에게 약속하고 철저히 지키면 아이의 불안을 덜 수 있다. 어머니 사진이나 사랑이 담긴 작은 물건을 주고 아이가 들고 다니게 하는 방법도 좋다. 가능하다면 아이를 부모의 직장에 데려가서 구경시킨다. 부모가 집에 없을 때 어디에서 무엇을 하는지를 아이가 머릿속으로 떠올릴 수 있으면 도움이 된다. 부모가 직장에 있는 동안 아이에게 일거리를 주어 긍정적인 일에 집중하게 하는 방법도 좋다.

예를 들면 그림에 색칠을 하거나, 장난감 벽돌로 집을 짓거나, 조각 퍼즐을 완

성하거나 화초에 물을 주는 일을 시킨다. 아이가 주어진 일을 해냈을 경우 부모
는 집에 돌아가서 반드시 아이에게 상을 주어야 한다. 또 아이를 돌봐주는 사람
이 누구든 그 사람과 함께 있으면 안전하다고 아이에게 확실히 알려준다. 부모
에게 전화를 덜 하거나 우는 횟수가 줄어들 때마다 칭찬해 주고 상을 주어야 한
다. 그러면 아이는 긍정적인 행동을 통해서도 부모의 관심을 끌 수 있다는 사실
을 깨닫게 된다.

이혼의 그늘에서 사는 아이

약속된 날에 딸 진영이를 만나러 전처의 집으로 간 기현 씨가 소리를 지른다.

"저 애 좀 봐. 너무 말랐잖아. 당신이 밥을 제대로 먹이지 않아서 그런 거지? 무슨 엄마가 그래?"

그러자 진영 엄마가 되받아친다.

"어떻게 그런 말을 할 수가 있어? 이 애를 맡아서 돌보는 게 누군데? 당신은 지난달 양육비도 제때 주지 않았잖아! 이번 달에도 늦었고!"

진영이는 말없이 서서 어머니와 아버지가 말다툼을 벌이는 소리를 듣고 있었다. 아버지가 찾아올 때마다 같은 장면이 되풀이됐다. 진영이는 참담한 심정이었다. 부모가 자기를 두고 항상 싸우는 이유를 이해할 수 없었다. 부모를 향해 그만 싸우라고 소리를 지르고 싶은 심정이었다. 진영이는 외롭고 겁이 났다.

'둘 다 진짜로 나를 아끼는 게 아니야.'

간혹 혼자서 이런 생각을 하기도 했다.

'내가 없어지면 우리 부모님은 더 행복해지겠지.'

진영이는 이혼 후에도 자주 다투는 부모의 그늘에서 살았다. 진영이는 자기가 소중한 존재가 아니라고 느끼면서 삶의 의미를 찾지 못했다. 시간이 흐르면서 아버지는 연락이 뜸해지고 어머니는 빠듯한 살림을 꾸려나가느라 여념이 없어 진영이의 감정에 관심을 갖지 못했다.

13세가 되자 진영이는 학교에서 무단결석을 하기 시작했다. 담배를 피우고 불량한 무리와 어울려 다니는가 하면, 건물을 부수고 물건을 훔치고 싸움을 일삼으며 짜릿함을 맛보기도 했다. 무슨 짓을 하건 아무도 신경 쓰지 않으리라는 생각이었다. 진영이는 여러 명의 남자와 성관계를 맺기 시작했고, 나중에는 임신과 낙태까지 하기에 이르렀다. 결국 진영이는 청소년 법정에 기소됐다가 소년원에 수감됐다.

Part 4

이혼이 최선의 방안인가?

이혼을 생각하는 것은 자기의 아픈 곳을 건드리며 깊이 성찰하는 경험이다. 성인이 이혼을 고민할 때는 여러 가지 요인을 고려해야 한다. 현재 상황이 변할 수도 있고, 앞으로 예측하기 어려운 시련이 닥칠 수도 있다. 어떤 사람은 이혼 결정을 내린 후에도 주저하고 동요한다.

● 어떤 경우에 이혼 결정을 내려야 할까?

이혼 여부는 어디까지나 혼인관계를 맺고 있는 두 사람이 결정해야 한다. 다른 성인이나 자녀에게는 결정권이 없다. 당사자는 헤어질 때와 혼인관계를 유지할 때의 장단점을 비교해 가며 진지하고 신중하게 생각해야 한다. 이혼은 삶의 어려움을 일거에 없애주는 마법의 해결책이 아닌 만큼 충동적으로 결정해서는 안 된다. 믿을 수 있는 친구 또는 친척과 의논해도 좋고, 공정하고 객관적인 시각으로 상황을 평가할 수 있는 전문가와 상담해도 좋다.

이혼은 서두르면 안 된다. 혹시 부부 상담을 받으면 부부 갈등을 치유하는 데 도움이 될지 생각해 보아야 한다. 상담을 받는 것은 지극히 정상적인 일이다. 개인적인 문제든 결혼과 가족과 자녀에 대한 문제든 간에 누구나 상담을 통해 도움을 받을 수 있다. 두 사람 모두 노력하려는 의지가 있다면 부부 상담을 통해 부부간의 문제를 해결할 수 있을지도 모른다.

배우자나 아이를 학대하는 사람도 종종 있다. 학대가 비이성적이고 끈질기거나 위험하다면, 그리고 학대하는 배우자가 달라질 가능성이 전혀 보이지 않는다면, 그렇게 불행하고 위험한 관계의 '희생자'에게는 이혼이 최상의 선택이다. 그럴 경우에도 결정을 내리기에 앞서 모든 정황을 고려해야 한다.

▶ 장기적으로 이혼은 아이에게 어떤 영향을 미치는가?

아이가 이혼의 부정적인 영향을 극복할 수 있느냐 없느냐는 부모가 이혼 중과 이혼 후에 기울이는 노력에 달려 있다. 부모의 이혼을 겪은 아이는 온전한 가정에서 자란 아이에 비해 결혼에 실패할 확률이 높다. 성인이 되고 나서 인간관계를 맺을 때 어린 시절에 본 부모의 모습과 비슷하게 행동하는 경향이 있기 때문이다.

어린 시절에 이혼하는 부모를 목격한 사람은 어른이 된 후에도 자긍심 부족으로 고생하거나 준비되지 않은 상태에서 경솔하게 결혼할 가능성이 있다. 어릴 때부터 간직했던 감정과 거절당하는 데 대한 두려움을 몰아내기 위해 그렇게 행동하는 것이다.

또한 부모의 이혼을 겪은 사람은 자기가 결혼생활을 하다가 문제에 부딪쳐도 부적절한 방식으로 '해결'하려는 경향이 두드러진다. 이혼이야말로 복잡하고 까다로운 관계에서 쉽게 벗어나는 상당히 괜찮은 해결책이라고 생각하기도 한다. 이런 사람은 결혼생활에서 부족한 것이 있을 때 잘 참지 못하고, 전문가와 상담하기를 꺼려하는 경향이 있다.

물론 부모의 이혼을 겪은 사람 가운데도 행복한 결혼생활을 하는 사람이 많다. 어릴 때 부모의 이혼으로 고통스러워했던 경험이 있기 때문에 더 잘하려고 노력하는 것이다.

▶ 부모가 이혼하는 것보다 불행한 가정에서 자라는 것이 나을까?

부모가 다 있지만 행복하지 않은 가정에서 자란 아이가 반드시 이혼한 부모의 아이보다 잘 산다는 법은 없다. 이혼한 가정에서 사는 아이는 여러 가지 부정적인 감정에 시달리지만, 부모가 협력하고 아이가 양육권이 없는 부모와도 만나게 해주면 아이의 고통을 최소한으로 줄이거나 없앨 수 있다.

불행한 가정에서 자란 아이 가운데는 부모가 함께 살던 때가 그립기는 하지만 헤어진 후에 더 평화로워졌다고 말하는 경우도 더러 있다. 따라서 부부가 늘 싸우기만 하면서도 '아이를 위해' 함께 사는 것이 바람직하다는 생각은 그릇된 통념이다.

그러나 결혼생활이 행복하지 않다고 해서 반드시 이혼이 아이에게 최선은 아니다. 이혼할 때와 결혼생활을 지속할 때를 비교하며 어느 쪽이 더 힘들지 가늠해보아야 한다. 그리고 부모와 아이의 안전을 최우선으로 고려하여 결정을 내려야 한다. 이혼을 원하는 부모는 아이에게 다음과 같은 점을 설명해야 한다.

· 아이를 위해 부모가 헤어지는 것이 아니다. (설사 그런 측면이 있다 해도 아이 때문이 아니라고 말해야 아이가 죄책감과 자책감에 사로잡히지 않는다.)
· 부부 갈등의 원인이 아이에게 있지 않으며 이혼은 불가피한 선택이었다.

어머니와 아버지 사이의 문제를 해결하기 위해 아이가 할 수 있는 일은 아무것도 없다고 아이에게 이야기한다. 부모가 이혼하더라도 어머니와 아버지 모두 변함없이 아이를 사랑한다는 이야기도 확실하게 한다.

일반적으로 말다툼이든 폭력이든 간에 싸움을 목격한 아이는 자기의 안전과 학대받은 부모의 안전을 걱정하며 굉장히 큰 불안을 느낀다. 아이의 안정감과 삶에 대한 자신감도 심각하게 훼손된다. 오랫동안 가정폭력에 노출되는 경우에는 인간관계와 갈등 해결 방식에 대해 부정확하고 불건전한 생각을 가진 아이로 성장할 가능성도 있다. 문제를 해결하기 위해 폭력을 써도 된다고 생각하기 때문에 다른 사람을 학대하는 경향을 나타내기도 한다. 가령 성인이 된 후에 배우자와 아이들을 학대할 수 있다. 반대로 어떤 아이는 학대를 당연한 일로 여겨 스스로 희생자가 되기도 한다.

아이들이 그런 행동을 보이는 것도 무리가 아니다. 주위에서 일어나는 일 때문에 스트레스를 받는 아이들은 대부분 괴로운 심정을 말로 표현하지 않고 행동으로 드러낸다. 예를 들면 분노를 폭발시키거나 공격적이고 파괴적인 행동을 한다. 혹은 겁을 먹거나 초조해하거나 침울해하기도 한다.

문제가 많은 가정에서 자란 아이가 공부에 흥미를 잃는 일도 흔하다. 이 경우 막내딸이 학교에 가기를 거부하는 이유는 '자기가 집에 없는 동안 사이가 나쁜 부모가 어떻게 될까.'를 걱정하기 때문이다.

아이와 대화를 나누며 아이가 가진 두려움과 걱정거리를 알아보려고 노력해야 한다. 학교에 있는 상담교사나 가정복지센터에 있는 전문가에게 도움을 청할 수도 있다. 때로는 아이와의 대화에서 전문가가 부모보다 나을지도 모른다. 이 사례에서는 두 아이가 모두 부정적인 영향을 받고 있는 것으로 보이므로 신속한 조치를 취해야 한다. 이 경우 부모 역시 상담을 받으며 부부관계를 개선하려는 노력을 기울일 필요가 있다. 우선 남편이 알코올중독을 치료하기 위해 단독상담

을 받는 방법이 있다. 남편이 상담을 거부한다면 아내만이라도 정신적 안정을
찾기 위해 전문가와 상담할 것을 권한다.

Q. 여덟 살짜리 딸이 있습니다. 남편은 성미가 고약한 사람이어서 술에 취하면 저를 때립니다. 몇 번이나 병원 신세를 졌고 때로는 제 딸까지 때립니다. 가까운 곳에 친척이나 친구도 없어서 제 자신과 아이가 걱정됩니다. 이혼을 해야 할까요?

사람은 누구나 품위를 지키며 안전하게 살 권리가 있으며, 배우자의 학대를 참고 견딜 이유는 어디에도 없다. 본인과 아이가 위협을 느끼는 상황이라면 더욱 참을 필요가 없다. 아이가 학대당하는 일은 무슨 일이 있어도 막아야 한다. 부모가 다치면 누가 아이를 보호하겠는가?

무엇보다 어머니와 아이가 학대에서 벗어나는 것이 최우선이다. 싱가포르에서는 신체적으로 학대받는 배우자가 가정법원에 보호신청을 해서 학대하는 배우자의 접근을 막을 수 있다. 아이를 대리해서 보호명령을 받아낼 수도 있다. 일단 신청을 하면 가정법원에서는 상황을 알아보고 특별한 보호명령이 필요한지 여부를 결정한다. 사회체육부 산하 아동복지국에서도 16세 미만의 아이가 학대당하고 있다는 탄원을 받는다. 가정폭력에 시달리는 여자와 아이에게 한시적인 거처를 제공하는 기관도 있다.

혼인관계를 유지하고 싶다면 남편이 상담을 받게 하는 것이 좋다. 가정복지센터 가운데는 폭력적인 행동을 하는 남자를 대상으로 상담 서비스를 제공하는 곳이 있다. 배우자와 함께 부부상담을 받는 것도 고려해볼 만하다. 남편과 대화가 잘 되지 않으면 남편이 존경하는 다른 사람에게 부탁해 아내 대신 남편과 대화를 나누어 보도록 한다. 어떤 행동을 취하든 가족의 육체적 안전을 최우선으로 고려해야 한다.

"**대부분의** 부부는 이혼을 결정하기 전에 여러 가지 방법으로 문제를 해결하려는 노력을 기울인다. 아이에게는 이혼이 확실히 결정된 후에 말해야 한다. 어떤 부모는 이혼할 예정이라고 아이에게 이야기했다가 나중에 마음을 바꾸는데, 부모가 이랬다저랬다 하면 아이에게 신뢰를 잃는다. 부모가 재결합하리라는 환상을 품고 있는 아이는 나중에 더 심한 정신적 충격을 받게 마련이다."

Part 5

아이에게 이혼소식 전하기

어떤 부모는 이혼을 하면서도 아이의 기분을 전혀 신경 쓰지 않는다. 어린 아이는 무슨 일이 벌어지는지 이해하지 못한다고 단정짓기 때문이다. 그러나 부모의 이혼은 아이에게 직접적인 영향을 미친다. 아이가 상황에 대해 자세히 알지 못하더라도 정신적으로 큰 타격을 받는다.

▶ 아이에게 이야기를 할까, 말까?

이혼과 결별이 얼마 남지 않았다면 부모는 아이에게 어떻게 이야기하고 준비시킬지를 반드시 의논해야 한다. 무엇보다 아이가 죄책감과 자기 비난을 느끼지 않게 해야 한다. 다음 사례에 나오는 기현이가 바로 죄책감을 느끼는 경우다.

부모는 아이의 반응을 예상해 보고 아이가 어떤 질문을 해도 대처할 수 있도록 준비해야 한다.

사 례 죄책감을 느끼는 아이

일곱 살 난 기현이는 우유가 담긴 유리잔을 깼는데 바로 그 날 부모가 싸우는 장면을 보았다. 기현이는 자기가 칠칠치 못해서 아버지가 화를 내고 집을 떠났다고 생각했다. 그래서 풀이 죽고 자기 행동에 극도로 가책을 느꼈다. 아버지가 떠난 후 어머니가 슬퍼하는 모습을 보고도 자기를 책망했다. 결국에는 학교 성적도 떨어졌다.

● 곧 이혼할 예정인데 아이에게 어떻게 이야기해야 할까?

대부분의 부부는 이혼을 결정하기 전에 여러 가지 방법으로 문제를 해결하려는 노력을 기울인다. 아이에게는 이혼이 확실히 결정된 후에 말해야 한다. 어떤 부모는 이혼할 예정이라고 아이에게 이야기했다가 나중에 마음을 바꾸는데, 부모가 이랬다저랬다 하면 아이에게 신뢰를 잃는다. 부모가 재결합하리라는 환상을 품고 있는 아이는 나중에 더 심한 정신적 충격을 받게 마련이다.

가장 좋은 방법은 양쪽 부모가 함께 아이에게 이혼 소식을 전하는 것이다. 그래야 아이가 어머니와 아버지가 모두 사실을 말하고 있다고 받아들인다. 어머니와 아버지가 함께 도와주고 의논하면 아이의 버림받는 기분을 덜어줄 수 있다. 이혼 때문에 함께 살지 못하는 부모를 원망하지 않게 하는 효과도 있다. 이혼에 대한 아이의 반응은 부모가 이혼 소식을 어떻게 전하며 부모가 서로를 어떻게 대하느냐와 무관하지 않다.

부부가 서로에게 차분한 어조로 말할 수 없다면 각자 아이에게 이혼 이야기를 하는 것이 좋다. 그 때에도 배우자의 험담을 해서는 안 된다.

● 아이에게 이혼 이야기를 할 때 어떤 장소와 시간을 택해야 할까?

이혼 소식을 들으면 아이가 충격을 받거나 두려움을 느끼거나 못 믿겠다는 반응을 보일 가능성이 있다. 따라서 부모가 방해를 받지 않고 이야기하려면 집 또는 익숙한 장소에서 소식을 전하는 것이 좋다. 아이가 흥분하거나 울음을 터뜨릴 수도 있으므로 아이에게 익숙한 장소를 택해 편안한 마음으로 감정을 표현하게 해야 한다.

아이가 십대 청소년이라면 자기 방에 들어가서 혼자 충격과 슬픔을 가라앉히고 싶어할지도 모른다. 이혼 소식을 전하는 부모는 아이의 감정을 예민하게 파악해야 한다. 식당이나 자동차 안이나 여타의 공공장소에서 이혼 소식을 전하면 아이가 덜 상심하리라고 생각하는 것은 커다란 착각이다.

부모는 아이에게 사실을 받아들이고 변화에 적응할 시간을 주어야 한다. 이혼 소식을 전하고 부모가 떠나기 전까지 일주일 이상 간격을 두면 가장 좋다. 이렇게 하면 양육권이 없는 부모에게도 아이를 위로하고 앞으로의 계획을 공유할 기회가 생긴다.

무엇보다 적응기간이 있으면 아이가 버림받는 기분을 덜 느낀다. 반면 부모가 떠나기 전에 너무 오랫동안 지체하면 아이는 부모의 이혼을 부정하는 마음을 키우고, 심지어 부모가 진짜로 떠나는 일은 없으리라고 믿게 된다.

취학 전 혹은 초등학교 저학년 아이는 부모가 재결합하는 환상에 빠져드는 경우가 많다. 이러한 환상은 "엄마랑 아빠가 다시 결혼할 거야."라든가 "내가 착하게 굴면 엄마와 아빠가 다시 합칠 거야."와 같은 말로 표현된다.

이혼 소식을 전하는 요령

* 적절한 시간에 가족회의를 연다.
* 아이에게 할 말을 미리 생각한다.
* 차분하고 따뜻한 태도를 유지한다.
* 부모가 서로를 비난하지 않는다.
* 아이에게 질문을 하도록 허용하고 아이의 걱정을 진지하게 듣는다.
* 회의가 끝나고 따로 시간을 내서 아이와 대화를 나눈다.
* 부모가 이혼을 해도 아이 곁을 떠나지는 않을 것이라고 이야기하며 아이를 안심시킨다.

환상을 품는다는 이유로 아이를 나무라지 말고 부드러운 태도로 아이와 이야기를 나눈다. 어머니와 아버지 모두 결혼을 유지하려고 애썼지만 잘 되지 않았다는 점을 강조하고, 이혼은 어머니와 아버지 사이에 문제가 있기 때문이지 아이의 잘못이 아니라고 이야기해야 한다. 아이들은 대부분 순진하고 자기중심적으로 생각하기 때문에 부모의 이혼 책임이 자기에게 있다고 추측한다. 이 경우에 다시 합치는 것이 자기 의무라고 생각하게 하는 일은 절대로 없어야 한다.

부모가 아이들에게 이혼 이야기를 하는 것은 쉬운 일이 아니다. 상황이 불편한 만큼 부부가 이혼 이야기를 하다 보면 노여움과 복수심, 원망과 같은 강렬한 감정이 표출될 수도 있다. 다른 상대와 합치기 위해 이혼을 하려는 부모의 경우에는 자책감과 죄책감을 느끼기 때문에 아이에게 이야기하기가 훨씬 어렵다. 그러므로 부모 입장에서는 당연히 그 일을 피하고 싶은 마음이 들 것이다.

그래도 부모가 아이에게 이혼 이야기를 하는 것은 중요한 과정이다. 불행히도 그 일을 하는 데 부모보다 적합한 사람은 없다. 부모가 아이에게 정직하고 솔직하게 이야기하지 못한다면 아이가 어떻게 안정감을 찾겠는가? 게다가 이혼은 극도로 민감한 문제이기 때문에 어느 누구도 부모를 대신해서 아이의 질문에 답할 수 없다.

부부가 서로에게 정중한 태도를 취할 수 없는 경우에는 각자 따로 아이에게 이야기하는 것이 가장 좋은 방법이다. 그러나 차분한 마음으로 아이에게 이야기해야 한다는 점을 명심해야 한다. 흥분해서 이야기하면 배우자를 깎아내리거나 비난하게 된다. 이혼 후에도 아이에 대한 부모의 책임은 사라지지 않는다는 사실을 자각해야 한다.

아이에게 이혼 이야기를 할 때 중요한 규칙이 있다. 부모는 아이를 위로해야 하며 직접적으로든 간접적으로든 아이가 다른 부모를 싫어하게 만드는 발언을 피해야 한다. 사실 다른 부모의 험담을 하면 본인만 아이와 멀어질 뿐이다. 이혼한 후에도 부모와의 애착은 온전히 유지돼야 한다. 이혼은 아버지와 어머니 사이의 문제일 뿐 부모와 아이 사이의 문제가 아니라는 점을 염두에 두어야 한다.

Q. 남편이 불륜을 저질렀습니다. 이혼하는 이유를 아이들에게 어떻게 설명해야 할까요?

가능한 한 아이들은 부모의 갈등에 끼어들지 않게 해야 한다. 이혼에는 여러 가지 이유가 있으며 부모도 이혼하기 전에 문제를 해결해 보려고 노력했다는 점을 설명하면서 아이로 하여금 넓은 시야로 문제를 바라보게 한다. 이혼하는 이유를 설명할 때는 평소와 다름없는 말투로 다음과 같이 이야기한다. "엄마와 아빠는 사이좋게 지낼 수가 없단다. 함께 사는 것이 행복하지 못해. 그래서 헤어지는 거란다."

아이들에게 아버지가 다른 여자 때문에 떠난다고 이야기하면 아이들은 아버지가 '나쁘다.' 고 생각할 것이다. 이는 앞으로 아이들이 아버지와 관계를 맺는 데에도 좋지 않은 영향을 미친다. 아이들은 아버지가 가족을 배신한 데 대해 화를 낼 것이고 이러한 분노를 쉽게 극복하지 못할 것이다.

반대로 아이들이 아버지의 불륜을 이미 알고 있는 경우라면 어머니는 아무리 강한 유혹을 느낀다 해도 아버지의 이미지를 손상시키는 말을 더 이상은 하지 말아야 한다. 어머니가 자제해야 아이들의 자긍심과 자부심을 보호할 수 있기 때문이다. 자신의 선택을 아이들에게 설명하는 일은 불륜을 저지른 아버지의 몫이다.

당신은 긍정적인 측면에 집중해야 한다. 아이들에게 앞으로 무엇이 달라질지를 설명하고 이후의 생활이나 아버지와 아이들의 만남 등 두 사람이 함께 세워둔 계획을 알린다. 이 시기에는 아이들이 미래에 대한 불안감을 느끼지 않게 하는 것이 중요하다.

딸이 죄책감을 느끼거나 버림받은 느낌과 사랑받지 못한다는 느낌을 받지 않고 이 상황을 극복하게 하는 일이 가장 중요하다. 아버지로부터 전화 연락이나 방문이 없을 경우, 딸은 자기가 뭔가를 잘못해서 아버지가 멀어져 버렸다고 오해할 가능성이 있다. 그러므로 아버지가 연락하지 않는 것은 네 잘못이 아니라고 딸에게 이야기해야 한다.

딸이 어머니에게 의지하며 위안과 사랑을 얻게 되면 딸에게 '아버지가 나쁘다.' 는 생각을 심어주기를 원하지 않는다는 사실을 분명히 밝힌다. 아버지를 나쁘게 생각하는 것은 딸의 자긍심만 떨어뜨리는 일이다. 딸이 원한다면 분노를 표출하게 한다. 딸이 이 시기를 넘기는 데 도움이 될 만한 친척이나 다른 어른들과 함께 시간을 보낼 기회를 만들어도 좋다. 딸이 어려운 상황을 극복한 것처럼 보이더라도, 혹시 아버지로부터 버림받은 데 대해 자기를 비난하고 있지는 않은지 계속해서 살펴야 한다.

어머니는 전남편과 대화를 시도해야 한다. 그가 그런 식으로 떠난 것이 딸에게 심리적으로 심각한 타격을 줄 수 있다고 이야기하고, 자주 하지 않아도 좋으니 딸과 연락을 취하라고 최선을 다해 설득한다. 그리고 딸에게 자기가 얼마나 중요한 사람인지를 전남편이 스스로 깨닫도록 해야 한다.

Q. 결혼이 파탄에 이르러 얼마 전 남편이 가족을 떠났습니다. 일곱 살짜리 아들에게 진실을 말하기에는 너무 어린 나이 같습니다. 아버지가 사업상 여행을 떠났다고 거짓말을 해야 할까요?

언제까지 아이에게 진실을 숨기느냐가 문제다. 아이는 아버지가 돌아오리라고 기대하고 있다가 시간이 지날수록 실망하고 또 실망할 가능성이 높다. 그렇게 되면 진실을 아는 것보다 더 큰 고통을 받을 수도 있다.

결국에는 아이도 부모의 결별을 알게 될 수밖에 없다. 그런데 진실을 자꾸 숨기면 아이는 사라진 아버지를 걱정하며 불안해하는 마음만 키우게 된다. 나아가 아이가 어머니를 신뢰할 수 없는 사람으로 여기게 만들 위험마저 있다. 진실을 빨리 알릴수록 아이가 부모의 이혼을 받아들이는 시기도 앞당겨진다.

아이가 부모의 결별 소식을 알게 됐을 때 동요를 덜 느끼는 나이가 정해져 있는 것은 아니다. 이혼 소식이 아이에게 얼마나 충격이 되느냐는 부모가 소식을 전하는 방식과 이 시기에 부모가 보여주는 애정과 세심한 배려에 따라 달라진다. 부모의 부재를 알아차리고 질문을 할 만한 나이의 아이에게는 이혼 사실을 알려주어야 한다.

Part 6

이혼한 부모의 데이트

결혼이나 이혼의 상처가 아무리 커도 시간이 지나면 서서히 아물게 마련이다. 대개의 경우 이혼한 부모는 각자 데이트를 시작하며, 오랫동안 관계를 유지할 수 있는 상대를 찾으려 한다. 부모가 데이트를 시작한다는 것은 아이가 몇 살이냐에 관계없이 아이에게 중대한 사건이다. 부모가 다른 사람과 함께 있는 모습을 보면 아이가 마음속으로 간직하고 있던 부모의 재결합에 대한 환상이 깨진다. 게다가 다른 사람과 부모를 '공유' 해야 한다는 문제도 있다.

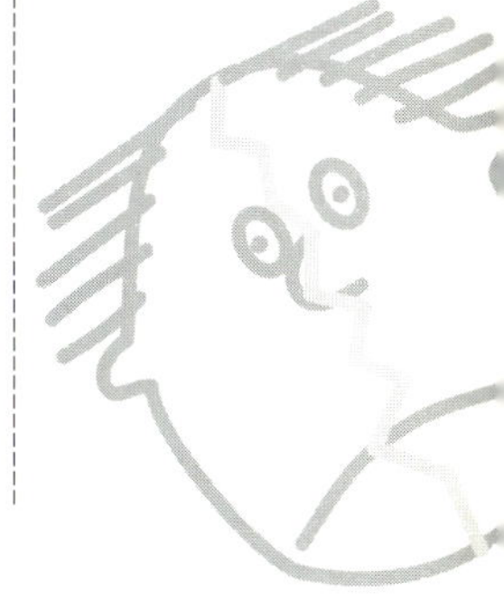

◉ 이혼한 부모가 데이트를 시작하기에 적당한 시기는 언제일까?

가족이 이혼하면 아이는 상처를 받는 것이 보통이며 새로운 환경에 적응하기까지는 시간이 필요하다. 이혼을 받아들이고 상처가 치유되는 데 걸리는 시간은 각자 다르다. 어떤 아이는 청소년기 또는 성인이 된 후에도 가족의 결별이 남긴 상처 때문에 괴로워한다. 부모가 데이트를 시작하면 부모의 이혼 때문에 받은 충격이 되살아날 수도 있다. 이혼한 부모는 자신이 데이트를 시작하면 어떤 기분이 들겠냐고 아이에게 먼저 물어야 한다.

불변의 법칙 하나. 이혼한 부모의 아이가 잘 적응하려면 무엇보다 친부모가 서로 협력하고 아이에게 변함없는 사랑을 보여주어야 한다.

◉ 이혼한 부모가 데이트를 시작하면 아이에게 어떤 영향이 있을까?

부모가 데이트를 시작하면 아이는 부모가 다시 합치지 않는다는 사실이 증명되었다고 생각한다. 아이는 부모에게 화를 내기도 하지만 부모의 새로운 데이트 상대에게 분노를 표현하는 경우가 더 많다. 부모의 데이트 상대 앞에서 아이가 신경질을 내거나 불편한 기색을 드러내며 방으로 들어가 버리는 것이 대표적인 예다. 아이가 느끼는 분노는 질투라는 형식으로 표현되기도 한다. 새 애인이 생기면 부모의 시간을 아이가 독차지할 수 없기 때문이다.

아이들은 부모와 자녀의 관계가 데이트를 하는 남녀의 관계와 다르다는 사실을 이해하지 못한다. 아이들은 어느 한 사람을 사랑하면 다른 사람을 사랑할 수 없다고 생각한다. 이렇듯 순진한 사고방식 때문에 아이는 자기가 부족하다고 생각하거나 부모의 사랑을 의심할 가능성이 있다. 더욱이 부모가 데이트 상대에게 눈에 띄는 애정표현을 한다면 아이는 자기가 부모의 데이트 상대보다 못하다고 받아들이기 쉽다. 부모가 새로운 상대를 더 좋아하기 때문에 곧 자기를 떠나 버릴 것이라고 상상하며 불안감을 느낄 수도 있다.

십대 아이라면 부모가 다른 이성에게 공공연히 애정을 표시하는 모습을 보면서 거북해하기도 한다. 그들은 부모가 다른 사람과 성관계를 가진다는 사실을 쉽게 받아들이지 못하고 당혹스러워한다.

하지만 모든 아이가 부모의 데이트를 인정하지 않는 것은 아니다. 신나는 가족 나들이를 간다거나 사랑과 관심을 더 많이 받는다든가 하는 식으로 계속 무언가를 얻는다면 아이가 부모에게 데이트를 하라고 격려하기도 한다. 데이트 상대와 아이 사이에 따뜻한 애정을 주고받는 관계가 형성될 경우, 아이는 보호받고 안전하다는 느낌을 받는다.

일반적으로 부모의 이혼에 잘 적응한 아이는 부모의 새로운 관계를 쉽게 인정하는 경향이 있다. 청소년 자녀도 부모가 데이트를 시작할 때 잘 받아들이는 편이다. 청소년기에는 가족과 거리를 두기 시작하면서 또래집단과 더 일체감을 느끼기 때문이다. 청소년은 부모가 다른 사람과 말동무가 되어 도움을 받는다는 사실에 안도할 수도 있다.

아버지의 여자친구를 질투하는 아이

열다섯 살인 규은이는 아버지가 학교 앞에 차를 세웠을 때 아버지 옆자리에 어떤 여자가 앉아 있는 모습을 보고 기분이 언짢아졌다. 아버지는 차 안에서 데이트 상대와 농담을 하며 활짝 웃고 있었다. 그 여자와 외출하느라 학교에 늦게 도착한 것이 분명했다. 규은이는 그 여자가 아버지의 직장 동료라든가 일로 만난 사이가 아님을 직감적으로 알아차렸다. 차를 타고 가는 동안 아버지는 여자친구에게만 관심을 기울였고, 규은이에게는 저녁식사를 함께 하자고 권하지도 않았다. 규은이의 마음속에서는 질투심이 솟구쳤다. 위협당하는 느낌과 불안한 느낌을 받기도 했다.

규은이는 집에서 적대적인 태도를 보이면서 사소한 일로 아버지와 다투기 시작했다. 사태가 어느 정도 진정된 후 아버지와 규은이는 솔직한 대화를 나누었다. 아버지는 여자친구와 함께 있을 때의 행동과 차 안에서 딸에게 무심했던 일 때문에 규은이의 기분이 상했다는 사실을 알게 되었다. 아버지는 데이트를 시작했다고 규은이에게 설명하고 그날부터 규은이와 단둘이 있는 시간을 가지려고 노력했다. 그런 식으로 규은이의 마음을 달래며 아버지의 사랑은 변함없다는 사실을 확인시켜 주었다. 규은이는 점차 아버지를 이해하고 아버지의 여자친구와도 잘 지내게 되었다.

Q. 저는 1년 전에 이혼했습니다. 재혼하기로 결정한 것은 아니지만 꾸준히 만나는 사람은 있습니다. 이것이 제 아이들에게 좋지 않은 영향을 미칠까요?

부모의 새로운 데이트 상대에 빠른 속도로 애착을 형성하는 아이도 있다. 어린 아이라면 이런 현상이 두드러진다. 일반적으로 어린 아이는 다정하게 대해주거나 선물을 주거나 부모와 데이트 상대와 함께 외출해서 재미있게 놀면 좋은 반응을 보인다.

하지만 아이가 새로운 데이트 상대에게 애착을 느끼는 상황에서 부모와 그 사람의 특별한 관계가 끝나면 아이가 큰 상처를 받을 수 있다는 점을 유념해야 한다. 아이에게 그런 경험은 이혼 때문에 부모를 잃는 것에 버금가는 슬픈 일일 수도 있다. 세상이란 믿을 수 없고 불안정한 곳이라고 생각하게 될지도 모른다. 그러므로 부모는 이 사람 저 사람과 가볍게 데이트를 즐기는 행동을 삼가고, 이 사람이라는 확신이 들 때만 새로운 상대에게 아이를 소개하는 것이 좋다. 이것이 아이를 위한 최선의 방안이다.

Q. 새 여자친구가 생겨서 무척 행복합니다. 하지만 아이들이 거부반응을 보여서 그녀가 어려워하고 있습니다. 제가 어떻게 해야 아이들이 그녀를 인정할까요?

아이들과 대화를 나누며 아이들이 지금 상황을 어떻게 생각하며 무엇을 두려워하고 걱정하는지 알아보아라. 새 여자친구의 어떤 점이 마음에 들지 않느냐고도 물어보아라. 아이들은 그런 이야기를 어려워할 수도 있지만 부모가 정확한 이유를 아는 것이 중요하다.

아이들은 자기 감정을 잘 모를 때가 많다. 아버지의 데이트 상대가 나쁘다는 생각이 일단 들면 아이들은 그녀를 싫어할 이유를 수없이 많이 찾아낸다. 무조건 그녀를 옹호하지 말고 아이들의 말에 귀를 기울인다. 아이들의 말을 주의 깊게 듣는 모습을 통해 아버지가 아이들의 의견을 존중한다는 것을 보여준다. 적당한 기회를 포착하여, 새로운 여자친구가 생겼다 해도 아이들은 아버지의 마음속에 항상 특별한 자리를 차지하고 있다는 사실을 알리는 것이 필요하다.

아이들이 제 나름의 속도로 아버지의 여자친구와 관계를 쌓도록 하고 재촉하지 않는다. 아이들은 새로운 사람을 받아들이는 것이 어머니를 배신하는 일이라고 느낄 수 있고, 그런 느낌 때문에 아버지의 여자친구와 가까워지기가 한결 어려울 수 있다.

여자친구의 장점을 계속 강조하면 아이들은 아버지가 여자친구 편만 든다고 생각할지도 모른다. 한편으로는 여자친구에게도 아이들이 처음에 부정적으로 반응하더라도 변함없는 애정을 보여주라고 부탁한다. 아버지는 여자친구와 함께 있을 때 아이들이 느끼는 감정에 특별히 신경을 써야 한다.

· 아이들 앞에서 여자친구를 포옹하고 입맞춤을 하거나 애무하는 등 신체적인 애정 표현을 지나치게 많이 하지는 않나?

· 가족이 모두 모인 자리에서 여자친구에게만 주의를 집중하고 있지는 않나?

위 질문에 그렇다고 대답하는 경우라면 아이들이 여자친구의 존재를 위협으로 받아들일 가능성이 많다. 아이들이 여자친구와 편안한 사이가 될 때까지 공공연한 애정표현을 최대한 자제해야 한다. 부모가 새로운 사람에게 관심을 가지더라도 아이들에게 쏟는 애정은 변함이 없어야 한다.

이혼한 부모가 데이트를 할 때의 유의사항

* 부모는 아이들 앞에서 데이트 상대와 함께 있을 때 어린애 같은 행동을 삼가야 한다. 새로운 연인 때문에 기분이 들떠서 무의식적으로 한 행동이라도 마찬가지다.

* 부모는 데이트 상대를 아이들이 잃어버린 부모 대신으로 삼지 말아야 한다. 데이트 상대는 부모 대신 아이들을 훈육할 자격이 없다.

* 부모는 데이트 상대를 집으로 데려와 머물게 해도 괜찮을지를 신중하게 판단해야 한다. 먼저 아이의 기분이 어떠하며 아이가 새로운 데이트 상대를 얼마나 인정하는지를 고려해야 한다. 데이트 상대를 집으로 데려와 머물게 하는 일은 아이의 도덕성 발달에도 영향을 미칠 수 있다. 특히 아이가 청소년이라면 도덕적 가치를 가르쳐야 할 부모의 권위가 손상될 수 있다.

* 부모는 아이들 앞에서 이성과 과도한 신체접촉은 피해야 한다. 그런 행동은 아동에 대한 성적 학대로 간주될 수 있다.

* 부모는 아이들을 이용해 이혼한 배우자의 사생활을 감시하지 말아야 한다. 아이들에게 이혼한 배우자의 데이트에 대한 정보를 물어서도 안 된다.

"**양부모를** 진짜 부모로 생각하는 아이는 거의 없다. 대개 친부모를 향한 강력한 귀속의식이 남아 있기 때문이다. 이 경우 양아들은 어머니의 약혼자를 친아버지의 자리를 차지하려고 애쓰는 사람으로 여기는 듯하다. 심지어는 부모가 결별하는 원인을 제공한 장본인으로 보는지도 모른다."

Part 7

재혼과 새로운 가족

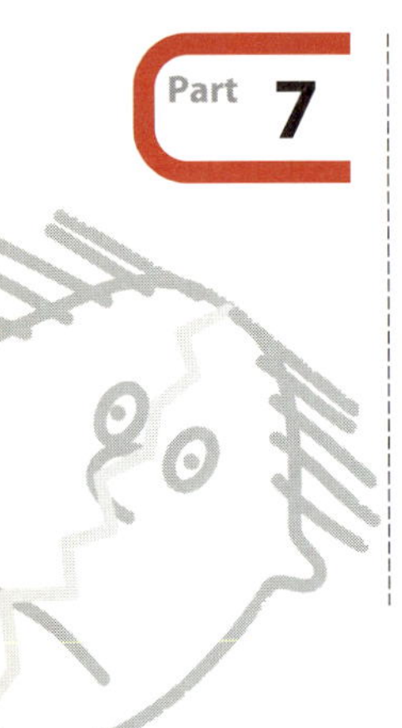

어떤 아이들은 혼성가족(이혼이나 재혼 등으로 혈연이 없는 사람까지 포함되는 가족 - 옮긴이)과 함께 무척 행복하게 지낸다. 친부모보다 양부모가 아이들을 더 잘 감독하고 돌보는 경우 그런 현상이 두드러진다. 하지만 일반적인 경우라면 재혼하는 가족은 새로운 문제에 부딪치게 마련이다.

이혼한 부모가 데이트를 하던 상대와 결혼하기로 했다면 새로운 동반자가 아이들의 생활에 서서히 들어오도록 해야 한다. 가능하다면 미래의 친척에게도 아이들을 소개해야 한다. 아이들에게는 의붓형제가 생길 수도 있다.

부모는 새로운 양부모에 대한 아이들의 반응을 예측해보고 가정에서 양부모의 역할을 결정해야 한다. 양부모는 아이들의 친부모를 대신하려 해서는 안 된다는 점을 유념해야 한다. 새로 가족이 되는 일은 누구에게나 어렵고, 부모의 이혼으로 큰 상처를 입은 아이에게는 더욱 어려운 법이다.

● 재혼이 아이들에게 어떤 영향을 미칠까요?

양육권을 가진 부모가 재혼하면 스트레스를 받는 아이가 많다. 친부모가 결국에는 다시 합칠 것이라는 환상이 깨지기 때문이다. 또 부모가 재혼하면 아이에게 쏟는 시간과 관심이 줄어들 수 있다. 그래서 아이는 양부모를 얻는다기보다는 남아 있던 한쪽 부모마저 잃는다고 생각한다. 더욱이 재혼 때문에 새로운 집으로 이사하거나, 학교를 옮기거나, 집안 규칙이 바뀌고 새로운 친척에게 적응해야 한다면 아이가 감내해야 할 문제는 더 많아진다.

어떤 식으로든 생활에 혼란이 생길 때 아이가 화를 잘 내고, 말다툼을 하거나 싸움을 벌이며, 말을 잘 듣지 않고, 공부에 집중하지 못하는 것은 당연한 일이다.

귀속관계의 갈등 역시 아이에게는 무척 힘든 문제다. 어떤 아이는 양부모에 대해 긍정적인 감정이 드는 것을 스스로 차단한다. 양부모를 좋아하는 것은 곧 헤어진 부모를 배신하는 일이라고 생각하기 때문이다.

 **새로운 가정을 꾸리기 전에 아이를 준비시켜라**

* 부모의 재혼으로 생기는 변화를 아이에게 미리 알려준다.

* 재혼에 대해 아이와 의논한다. 아이는 "나는 어디에서 살아요?", "지금 다니는 학교에 계속 다닐 수 있나요?", "헤어진 엄마(아빠)와 계속 만날 수 있는 거죠?", "양부모를 뭐라고 불러야 해요?"와 같은 질문에 답을 얻고 싶어한다.

* 아이와 부모의 관계에는 변함이 없으며 부모는 언제나 아이를 사랑한다는 점을 확실히 한다.

* 아이에게 양육권을 갖지 않은 부모와도 언제나 정기적으로 만날 수 있다는 사실을 상기시킨다.

Q. 재혼하려는 여자에게 아들이 하나 있습니다. 저는 그 아이와 관계에 어려움을 겪고 있습니다. 그 아이는 "아저씨는 진짜 우리 아빠가 아니잖아요. 왜 내가 아저씨 말을 들어야 하죠?"라고 말합니다. 진짜 부자지간 같은 관계를 맺으려면 어떻게 해야 할까요?

양부모를 진짜 부모로 생각하는 아이는 거의 없다. 대개 친부모를 향한 강력한 귀속의식이 남아 있기 때문이다. 이 경우 양아들은 어머니의 약혼자를 친아버지의 자리를 차지하려고 애쓰는 사람으로 여기는 듯하다. 심지어는 부모가 결별하는 원인을 제공한 장본인으로 보는지도 모른다. 사실이 그렇지 않더라도 어쩔 수 없다. 아이 어머니의 삶에 당신이 끼어든 것만으로도 부모의 재결합을 향한 아들의 희망에 찬물을 끼얹은 셈이다.

여유있는 마음가짐으로 양아들과 관계를 쌓아 나가는 것이 중요하다. 섣불리 통제하고 가르치려 하면 양아들은 위협을 느낄지도 모른다. 아버지 역할을 하면 양아들은 반감을 느끼며 대항하려는 마음만 키울 수도 있다. 권위 있는 가장이 아닌 '조언자' 노릇을 해라. 처음에는 훈육하는 역할을 삼가는 것이 좋다. 양부모를 신뢰하고 존경하게 되기 전에는 아이가 양부모의 권위를 인정하지 않기 때문이다.

가급적 자주 양아들과 일대일로 대화를 나누며 친해지려고 노력한다. 아이들은 양부모와 사이좋게 지낼 때 귀속관계 갈등을 경험하곤 한다. 진짜 아버지 대접을 기대하는 것은 아니라고 양아들에게 확실히 말한다. 여러 번 반복해서 이야기해도 좋다.

양아들이 친아버지와 좋은 관계를 유지하는 데 도움을 준다. 양아들이 양부모를 받아들이지 않거나 친아버지와 비교할 때는 에누리해 가며 들어야 한다. 아이의 이야기에 귀를 기울이고 아이가 화를 내는 이유를 이해해준다. 비록 친부모는 아니지만 아이를 소중히 여긴다는 뜻을 알린다. 시간이 가면 아이도 양부모의 의도를 깨닫고 양부모가 자기를 진심으로 사랑한다는 말을 믿을 것이다. 양부모는 일상적인 일을 아들과 같이 하는 시간을 가지며 강한 유대감을 형성해 나가야 한다.

Q. 전남편과의 사이에 아이가 하나 있고, 제 애인에게는 아이가 둘 있습니다. 우리는 곧 결혼할 예정인데 아이들이 잘 어울리지 못해서 걱정입니다. 어떻게 해야 새로운 가정이 성공할 수 있을까요?

양부모와 의붓형제가 있는 가정에 적응하는 일에는 새로운 인간관계와 함께 급격한 변화가 수반된다. 이 경우 재혼하는 당사자는 각자 가정을 꾸렸던 사람이므로 자녀 양육법과 생활방식 등 여러 면에서 의견차가 있으리라고 예상된다. 인내심을 가지고 천천히 변화를 줄 것을 권한다.

처음에는 재혼하는 부모끼리 의논하여 자녀 양육과 훈육이라든가 집안 규칙과 관련된 중요한 문제를 정리해야 한다. 차이가 있더라도 원만하게 해소하면서 공통적으로 적용할 수 있는 규칙과 한계를 정해야 한다.

아이의 연령과 필요에 따라 의붓형제끼리 서로 다른 규칙을 따라야 하는 상황도 있다는 점을 염두에 두어야 한다. 예컨대 열한 살짜리 아이와 열여섯 살짜리 아이에게 적용하는 귀가시간 제한은 다를 수 있다. 재혼하는 부모가 가족회의를 열어 아이들에게 집안 규칙과 역할 분담을 설명해도 좋다. 이 때 규칙을 어기면 어떤 결과가 따르는지를 명확하게 밝힌다.

갈등은 아이를 훈육하는 과정에서 발생하는 경우가 많다. 때때로 양부모는 자녀와 사이가 나빠지지 않으려고 특별대우를 한다. 하지만 그렇게 하면 친자녀들이 부모를 원망하거나 의붓형제에게 질투를 느끼고 화를 낸다. 규칙을 확실히 정해놓아야 특정한 아이를 편애하거나 아이에게 끌려 다니는 사태를 방지할 수 있다.

훈육은 기본적으로 친부모의 몫이며 양부모의 일이 아니라는 사실을 명심한다. 재혼하는 부모는 각자 양부모로서 훈육의 한계를 어디까지 정할지에 대해 합의해야 한다. 양부모가 부모의 빈자리를 메우며 권위를 행사할 때는 항상 친부모가 아이들 앞에서 지지를 표시해야 한다. 그래야 아이가 자기 마음대로 행동하기 위해 부모를 이간질시키는 것이 어렵다는 사실을 깨닫는다. 훈육 문제로 의견이 엇갈릴 때는 아이들 앞에서 이야기하지 말고 둘이서 따로 해결해야 한다.

핵심은 새로운 배우자와의 의사소통이다. 배우자가 아이에 대해 문제를 제기하면 열린 마음으로 듣고, 아이를 훈육하는 문제가 결혼생활의 갈등 요인이 되지 않게 한다.

Q. 의붓형제 사이의 갈등을 어떻게 해결해야 할까요?

형제간의 대립은 어느 가정에서나 흔한 일이고, 의붓형제 사이에서는 더욱 심할 수 있다. 아이들은 자기 공간이 좁아지고 여러 가지를 같이 써야 하는 상황이므로 욕실, 컴퓨터, 텔레비전 사용을 놓고 다툴 수도 있다. 시간을 내서 아이들과 대화를 나눈다. 새로운 가족이 생긴 기분이 어떠하며 각 가족 구성원을 어떻게 생각하는지 듣는다. 그리고 아이들에게 가정에서 할 수 있는 역할을 주고 그들이 부모에게는 언제나 둘도 없는 존재라고 다시 말한다.

의붓형제들이 금방 서로를 받아들이고 정을 붙이기를 기대하면 안 된다. 공통의 관심사를 찾는 것이 필요하다. 아이들끼리 어떤 일을 함께 하면 냉랭한 분위기가 깨지면서 쉽게 친해질 수 있다. 그 밖에 양부모는 다음과 같은 점을 고려해야 한다.

· 새로운 가족 전통 만들기
· 가족 전체가 즐길 수 있는 일을 계획하기
· 아이들이 돌아가며 주말 계획을 정하게 하기

재혼한 부모가 의붓자녀와 단둘이 집안일을 하거나 취미생활을 하는 시간을 가지면 좋다. 의붓자녀를 친자녀와 비교하지 말고 항상 긍정적인 시각으로 바라보아야 하며 의붓자녀와 신뢰를 쌓기 위해 의식적으로 노력해야 한다. 시간을 두고 노력하면 가족 구성원 사이의 유대감을 강화해 나갈 수 있을 것이다.

재혼 가정을 위한 수칙

* 변화는 점진적으로 이루어지도록 한다.

* 규칙을 명확히 정한다.

* 아이들이 친부모와 관계를 유지하는 데 협조한다.

* 아이들이 양육권 없는 부모나 새로운 양부모에 관해 자유롭게 이야기하게 한다.

* 의붓자녀와 따로 대화를 나눈다.

* 시간을 같이 보내며 공통의 관심사를 찾는다.

* 새로운 가족 전통을 만들고 여러 가지 일을 함께 하며 친밀도를 높인다.

Part 8

교사가 이혼가정의 학생을 돕는 방법

아이들은 하루의 3분의 1을 학교에서 보내기 때문에 교사는 아이들의 삶에서 빼놓을 수 없는 존재다. 아이에게 문제가 있다고 생각하는 부모는 담임교사나 학교 교장을 만나 걱정거리를 털어놓는 것이 좋다. 이혼한다는 사실을 교사에게 알리고 아이에게 부정적인 영향이 있을지도 모른다는 의견을 전달한다. 그리고 당신이 이혼 문제로 아이와의 관계에서 어려움을 겪고 있다고 이야기한다.

● 교사는 어떤 역할을 할 수 있을까?

교사들은 경험이 많아서 아이들에게 문제가 있는지를 잘 알아본다. 어떤 부모는 교사에게 솔직하게 이야기하기를 어려워한다. 하지만 이혼한 가정의 아이에게 더 많은 관심을 가지고 친절을 베풀기 위해 노력하는 교사가 있다는 사실을 알아야 한다.

교사는 아이가 학교에서 평소와 다른 행동을 하거나 학습에 어려움을 겪을 때 부모에게 알려줄 수 있다. 부모와 교사가 신속하게 개입할 수 있다면 아이가 이혼에 적응하는 데 도움이 될 것이다. 교사는 아이의 가정 문제를 다른 사람에게 이야기하지 말아야 한다.

때때로 아이들은 고민이 있을 때 털어놓을 사람이 별로 없다고 느낀다. 이럴 때 교사는 부모 다음으로 좋은 상담 상대가 된다. 경우에 따라서는 아이가 교사와 이야기하는 것이 더 편하다고 생각할 수도 있다. 교사는 내밀한 이야기를 들어주고 조언도 해 줄 수 있는 사람이기 때문이다.

◐ 교사는 아이에게 어떤 일을 시킬 수 있을까?

교사는 아이의 기운을 북돋아 줄 수 있다. 아이가 잘 하는 활동에 참여하게 해서 자긍심을 키워줄 수도 있다. 부모의 이혼을 겪는 아이가 교실에서 말썽을 피울 때도 교사는 부모와 협력해서 아이의 행동을 제한할 수 있다.

"**부모의** 이혼을 겪은 아이는 아버지와 어머니 사이에서 귀속관계의 갈등을 겪기 때문에, 한쪽 부모에 대한 감정을 다른 부모에게 솔직히 이야기하기가 쉽지 않다. 이런 상황에서 전문가 상담은 최상의 선택이다. 전문가는 아이와 신뢰를 쌓으며 미술과 스피치 등 다양한 활동을 통해 아이가 감정을 표현하도록 한다."

Part 9

어디에서 도움을 받을 수 있나?

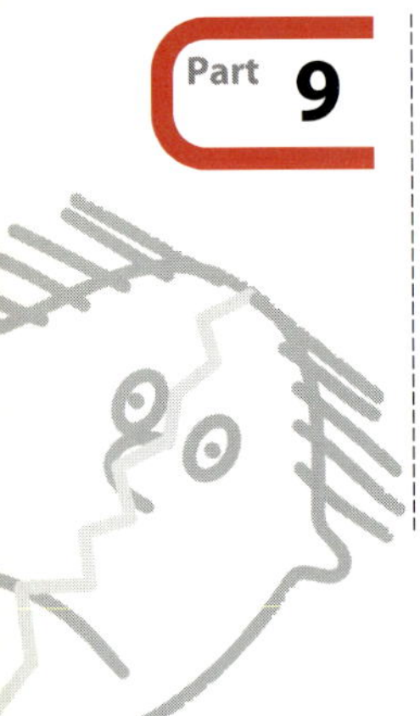

아이가 이혼에 쉽게 적응하지 못할 때 부모는 외부에 도움을 요청할 수 있다. 아이가 소란을 피우거나 남에게 해를 끼치거나 통제불가능한 행동을 한다면 전문가에게 상담을 받는 것을 고려해야 한다.

● 부모의 이혼을 겪는 아이에게 전문가가 어떤 도움을 줄 수 있나?

대부분의 사람이 문제나 걱정거리가 있을 때 누군가에게 이야기하며 도움을 받는 것처럼, 부모도 전문가에게서 명확한 대답을 듣거나 조언을 받을 수 있다. 한편으로는 부모가 누군가에게 문제를 이야기하는 것만으로도 도움이 된다. 더 넓은 시야로 문제를 바라보게 되므로 아이가 직면한 문제의 해결책을 찾기가 쉬워지기 때문이다.

그래서 문제는 그대로 남아 있는데 부모가 문제를 자기 힘으로 처리할 수 있을 정도로 마음의 안정을 얻어 상담실 문을 나서는 경우도 간혹 있다. 부모가 누군가와 상담하는 것은 중요한 일이며 때로는 전문가에게 도움을 청할 필요가 있다. 가족 문제에 감정적으로 얽혀 있지 않아 중립적인 시각을 가진 상담자가 있으면 균형 잡힌 해결책을 찾는 데 도움이 된다.

● 아이가 전문가와 상담하면 어떤 도움을 받을 수 있나?

아이 입장에서는 가족 테두리 밖에 있는 믿을 만한 어른에게 상담하는 편이 덜 부담스럽다. 부모의 기분이 좋지 않다는 사실을 알고 있는 아이라면 더욱 그렇다. 아이는 자기 걱정거리까지 떠안겨 부모를 더 화나게 할 마음이 없기 때문이다.

게다가 부모의 이혼을 겪은 아이는 아버지와 어머니 사이에서 어느 한쪽에 충성을 다해야 한다는 갈등을 겪기 때문에, 한쪽 부모에 대한 감정을 다른 부모에게 솔직히 이야기하기가 쉽지 않다. 이런 상황에서 전문가 상담은 최상의 선택이다. 전문가는 아이와 신뢰를 쌓으며 미술과 스피치 등 다양한 활동을 통해 아이가 감정을 표현하도록 한다.

● 부모의 이혼으로 힘들어하는 아이는 어디에서 도움을 받을 수 있나?

싱가포르의 경우 대표적인 기관으로 아동상담센터(Child Guidance Clinic)가 있다. 아동상담센터에서는 아동과 18세 이하 청소년의 정신건강 문제, 행동 및 발달 문제를 진단하고 해결하는 일을 한다.

아동상담센터에 있는 전문가들은 진단을 받으러 온 아이의 가정환경을 조사하고 부모의 의견을 먼저 청취한 후 아이와 일대일로 이야기를 나눈다. 그래서 아이가 자신의 모순되는 감정을 털어놓을 수 있도록 하며 이야기를 듣고 이해해준다. 상담의 목표는 아이와 신뢰를 쌓으며 부모의 이혼에 대해 아이가 느끼는 감정을 이해하는 것이다.

또한 전문가들은 아이가 오해하고 있는 부분을 바로잡아주기도 한다. 예컨대 부모가 이혼을 하면 자신이 고아원에 가야 한다고 생각하는 아이가 있다고 하자. 그럴 때 전문가들은 부모가 이혼한 후 일상생활이 어떻게 바뀔지를 아이에게 설명해줄 수 있다. 오해가 풀리기만 해도 아이가 느끼는 불안과 고통이 현저하게 줄어드는 경우가 많다.

부모의 결별에 대한 책임이 자기에게 있다고 생각하는 아이도 상담을 받을 수 있다. 자신에게 책임이 없음을 이해하면 아이는 죄책감과 불안에서 벗어난다. 아동상담센터에 있는 전문가들은 아이가 겪고 있는 어려움을 이해하려는 부모에게 도움을 주기도 한다. 필요할 경우 부모도 개인 상담을 받으며 슬픔과 고통을 덜어야 한다. 정신적, 신체적으로 건강한 부모가 아이를 더 잘 돌볼 수 있다.

이혼에 대한 걱정과 양육권 또는 방문권 문제 때문에 부모가 아이를 상담센터에 데려가는 일도 종종 있다. 이런 경우 전문가들은 소견과 함께 양육권 및 방문권에 관련된 견해를 담은 진단서를 작성해 법원 소송에서 참고하도록 한다. 아동상담센터는 아이의 행복을 최우선으로 하기 때문에 '교전 중인' 부모 사이에서는 중립적인 입장을 취한다.

때로는 부모가 함께 상담을 받으며 아이와 관련된 문제의 타협점을 찾는다. 혹은 아이와 양부모가 함께 상담을 받으며 사이좋게 지낼 방도를 모색하기도 한다.

● 부모와 자녀가 도움을 받을 수 있는 곳

우리나라의 경우 각 시 교육청에 상담교사를 두고 상담서비스를 제공하고 있다. 또한 시 · 도에 설치된 청소년상담실과 정신보건센터에서도 아동 · 청소년 상담을 받을 수 있다.

교육청 상담 서비스

우리 나라는 각 시교육청에 전문 상담교사를 배치하고 있다. 학습, 행동, 정서적인 측면에서 어려움을 느끼는 아이들의 부모나 교사는 교육청의 전문 상담교사에게 문의하면 상담을 받을 수 있다. 학부모가 직접 교육청에 문의하거나 학교의 상담교사에게 상담을 요청하면 교육청 상담교사에게 연결시켜 준다.

청소년상담실(청소년상담지원센터)

우리 나라의 각 시·도에는 대부분 청소년상담실이 설치되어 있는데, 아동·청소년의 학습, 정서, 사회, 행동 문제 전반에 대한 상담이 가능한 곳이다. 각 분야별 전문가가 있어 상담이 필요한 아동·청소년이 의뢰하면 아동·청소년의 문제 유형과 문제의 심각도 등을 평가하여 개인 상담이나 집단 상담을 받도록 하거나 교육프로그램을 소개하는 등 적절한 도움을 제공한다.

정신보건센터

지역 주민의 정신건강을 위해 설치된 정신보건센터에서도 아동·청소년 상담서비스를 제공하고 있다. 정신보건센터에는 일반적으로 정신보건임상심리사, 사회복지사, 간호사가 함께 일하고 있다. 따라서 면담과 심리검사를 통해 고민이나 문제의 심각도, 유형 등을 파악한 후 상담을 해 주거나 병원, 복지관, 전문 상담실 등으로 연계가 잘 이루어진다.

전문 상담기관

소아·청소년 정신보건센터

- 서울   소아·청소년 광역정신보건센터 www.youthlove.or.kr 02-2231-2188~6
- 성남   소아·청소년 정신보건센터 www.withchild.or.kr 031-754-3220

전국 청소년종합상담실

한국청소년 상담원 www.kyci.or.kr 02-2253-3811

- 서울   청소년종합상담실 www.teen1318.or.kr 02-2285-1348
- 부산   청소년종합상담실 www.cando.or.kr 051-804-5001
- 대구   청소년종합상담실 www.teenhelper.org 053-635-2000
- 인천   청소년종합상담실 www.teenhelper.org 032-891-2000

- 광주   청소년종합상담실 www.kycc.or.kr 062-232-2000

- 대전   청소년종합상담실 www.dycc.or.kr 042-257-2000

- 울산   청소년종합상담실 www.counteen.or.kr 052-227-2000

- 강원도   청소년종합상담실 www.gycc.or.kr 033-256-2000

- 경기도   청소년종합상담실 www.hi1318.or.kr 031-237-1318

- 충청북도   청소년종합상담실 www.cyber1004.or.kr 043-258-2000

- 충청남도   청소년종합상담실 www.nettore.or.kr 041-554-2000

- 전라북도   청소년종합상담실 www.gominssak.or.kr 061-724-2000

- 경상북도   청소년종합상담실 www.we7942.or.kr 054-859-2000

- 경상남도   청소년종합상담실 www.specialfriend.or.kr 055-273-2000

- 제주도   청소년종합상담실 www.doum1004.or.kr 064-746-7179

전국 정신보건센터

- 서울   성동구 www.mindcare.or.kr 02-2298-1080, 2082

  동작구 www.seoulmind.net 02-820-1454,6

  송파구 www.seoulmind.net 02-421-5871 / 5873

  강남구 www.smilegn.net 02-2226-0344, 7489

  성북구 http://sbucmhc.or.kr 02-969-8961, 6926

  도봉구 www.dobongmind.com 02-900-5783-4

  서초구 02-529-1581-3 **강동구** 02-471-3223 **강북구** 02-985-0222, 0343

  강서구 02-2657-0190-3 **구로구** 02-861-2284-6 **광진구** 02-452-1563, 1520

  노원구 02-950-3756/ 4346 **서대문구** 02-337-2165 / 2176

  영등포구 02-2670-4793 **중랑구** 02-490-3805, 3422-3804

- 부산   부산광역시 051-242-2575

  금정구 www.bigshot.co.kr 051-583-2600-3

  부산진구 051-638-2662 **북구** 051-334-3200

- 대구   서구 www.seogumhc.org 053-564-2595

수성구 www.belami.co.kr 053-765-5860

북구 www.eosmhc.or.kr 053-353-3631

달서구 http://mentalhc.or.kr 053-637-7851-2

동구 053-983-8340-1

* 인천　중구 www.happymind.or.kr 032-760-6090-11

서구 http://ismhc.or.kr 032-560-5039, 5006

* 광주　동구 www.hmt.or.kr 062-233-0468, 608-2768

서구 www.haniemhc.or.kr 062-370-2512

북구 www.gjw.or.kr 062-267-5510

* 대전　서구 www.emind.or.kr 042-483-7942

대덕구 my.dreamwiz.com/tdmhc 042-931-1672

* 울산　남구 www.usmhc.or.kr 052-227-1116

동구 www.usdmental.com 052-233-1040

* 경기　부천시 www.bucheonlove.co.kr 032-654-4024-8

시흥시 http://smhc.shhealth.go.kr 031-316-6661, 3

과천시 www.kcmhc.or.kr 02-504-4440, 4443

이천시 www.imhc.co.kr 031-637-2330-1

고양시 www.goyangmaum.org 031-968-2333, 966-2885

성남시 www.sncmhc.com 031-754-3220, 3205

동두천시 www.cmhc.or.kr 031-863-3632

안산시 www.ansancmhc.or.kr 031-411-7573

안양시 www.telepsy.co.kr 031-469-2989

구리시 www.gmhc.or.kr 031-550-2007

용인시 www.ycenter.or.kr 031-286-0949

화성시 http://hsmind.or.kr 031-369-2892

의정부 www.umind.or.kr 031-828-4567

광주시 www.gjcmhc.or.kr 031-762-8728

남양주 www.ourmind.co.kr 031-592-5891-2

연천시 www.yccmhc.or.kr 031-832-8108, 031-830-2131~2

오산시 www.childcenter.or.kr 031-374-8680, 373-8680

의왕시 www.uwcmh.com 031-458-0682

하남시 www.cmhc.co.kr 031-790-6558 **수원시** 031-247-0888,4443

이천시 031-637-2330-1 **평택시** 031-658-9818 **김포시** 031-998-4005

군포시 031-461-1771

- **강원** 춘천시 http://chmhc.org 033-241-4256
- **충북** 청원군 www.cheongwoncenter.or.kr 043-251-4951-3

  제천시 www.jcmind.or.kr 043-646-3074-5
- **충남** 아산시 psychiatry.hallym.ac.kr/asan/ 041-537-3455-6

  천안시 http://cancenter.or.kr 041-578-9709, 9711
- **전북** 군산시 www.ksmhc.or.kr 063-450-4496, 451-0363

  전주시 www.ccmhc.com 063-273-6996

  익산시 http://iksanmh.or.kr 063-841-4235

  정읍시 www.jemhc.or.kr 063-535-2101
- **전남** 영광군 http://ykcenter.com 061-350-5666

  나주시 www.najumind.or.kr 061-333-6200
- **경북** 포항북구 http://iphhealth.ipohang.org 054-247-2469

  구미시 http://phc.gumi.go.kr 054-456-8360

  안동시 www.andongmind.com 054-856-9900
- **경남** 창원시 http://cwmhc.or.kr 055-287-1223

  마산시 055-240-2282

  김해시 http://mental.gimhae.go.kr 055-329-6328
- **제주** 제주시 www.jmhc.co.kr 064-750-4217, 4214

전국 아동발달센터

- **서울** 은평아동발달센터 www.childspeech.co.kr 02-388-0526

  스피치몰 www.speechmall.co.kr 02-885-1555

　　　　　　　　　　목동아동발달센터 www.icenter.or.kr 02-2655-1154

- 인천　　　　부천중동아동발달센터 www.jsspeech.net 032-325-2121

　　　　　　　계양아동발달센터 www.75center.co.kr 032-524-2675

- 울산　　　　울산아동발달센터 www.ulsancenter.com 052-224-8879

- 경기도　　　화성행복한아동발달센터 www.happycenter.co.kr 031-234-1333

　　　　　　　광명아동발달센터 www.igym.co.kr 02-2688-0188

　　　　　　　김포아동발달센터 www.gimpocenter.com 031-983-7550

부모의 이혼을 겪는 아이들

1판 1쇄 인쇄 2009년 3월 2일
1판 1쇄 발행 2009년 3월 5일

지은이_포 차이 홍, 파버시 파시
옮긴이_안진이
펴낸이_정원정, 김자영
편집_홍현숙 | 디자인_김민정 | 마케팅 · 영업_김승지

펴낸곳_즐거운상상
주소_서울시 용산구 문배동 11-14 이안1차 101동 오피스텔 202호
전화_02-706-9452 | 팩스_02-706-9458 | 전자우편_happywitches@naver.com
출판등록_2001년 5월 7일
인쇄_갑우문화사

ISBN 978-89-92109-39-0